人人学茶

李远华 主编

Wuyi Rock-essence Tea

第一次 品岩茶就上手

图解版

第3版

旅游教育出版社
北京

策　　划：赖春梅
责任编辑：巨瑛梅

图书在版编目(CIP)数据

第一次品岩茶就上手：图解版 / 李远华主编. --3
版. --北京：旅游教育出版社，2021.3
（人人学茶）
ISBN 978-7-5637-4221-9

Ⅰ. ①第… Ⅱ. ①李… Ⅲ. ①武夷山—茶叶—品茶—
图解 Ⅳ. ①TS272.5-64

中国版本图书馆CIP数据核字(2021)第026605号

人人学茶
第一次品岩茶就上手（图解版）
（第3版）
李远华◎主编

出版单位	旅游教育出版社
地　　址	北京市朝阳区定福庄南里1号
邮　　编	100024
发行电话	(010)65778403　65728372　65767462(传真)
本社网址	www.tepcb.com
E-mail	tepfx@163.com
印刷单位	天津雅泽印刷有限公司
经销单位	新华书店
开　　本	710毫米×1000毫米　1/16
印　　张	11.75
字　　数	176千字
版　　次	2021年3月第3版
印　　次	2021年3月第1次印刷
定　　价	56.00元

（图书如有装订差错请与发行部联系）

编委会

主编简介
About the Authors

　　李远华，武夷学院茶叶科学研究所所长、教授、博士。教育部高等学校教学指导委员会园艺（含茶学）分委员会委员，科技部科技专家库评审专家，国家自然科学基金委茶学项目评审专家。第一届海峡两岸茶业交流协会理事，第六届中国茶叶流通协会理事，第九届福建省茶叶学会副会长，第六届南平市茶叶学会理事长。《茶叶学报》《福建茶叶》等期刊编委，《茶叶科学》、*BMC Plant Biology* 等期刊审稿专家。

　　主持完成了国家自然科学基金面上项目、国家级大学生创新创业训练计划项目、中国博士后科学基金资助项目、福建省科技重点项目等。获"第二届中华茶文化优秀教师"称号、第二届中国茶叶学会科技奖三等奖、2015年度福建省政府科技进步三等奖、第七届福建省高等教育教学成果特等奖等。

　　独立撰写《茶》，编著《茶经导读》（第二作者），主编《茶叶生物技术》《茶学综合实验》《茶业生态环境学》《茶叶包装与贮运学》（第二主编）、《茶文化旅游》《茶录导读》《第一次品岩茶就上手》《第一次品乌龙茶就上手》，担任副主编和参编了10多部大学教材和著作。

武夷岩茶是我国茶类之一，是乌龙茶的重要茶类，产地在武夷山。武夷山不仅是世界文化与自然双遗产地，而且是世界乌龙茶、红茶的发源地，在茶产业中具有重要地位。武夷山的大红袍闻名海内外，国务委员、外交部王毅部长曾说："大红袍天下第一。"大红袍是武夷岩茶的突出代表茶类品种，武夷岩茶（大红袍）传统制作技艺被列入国家首批非物质文化遗产名录。

武夷岩茶，小杯品茗变化多端，又有深厚文化底蕴。目前，武夷山市有注册茶业经营主体 1.3 万个，注册茶企业 4560 个，通过 SC 论证企业 834 个，茶叶合作社 236 个。2019 年，"武夷岩茶"品牌价值获评全国茶叶类第二位。

《第一次品岩茶就上手》（图解版）第 1 版、第 2 版出版后，很受茶叶爱好者的欢迎。该书主要由进入岩茶世界、岩茶之出、岩茶之生、岩茶之成、岩茶之辨、岩茶之享、岩茶之美、岩茶足迹、岩茶历史与礼俗，以及武夷岩茶术语、岩茶热点问题问答等专题组成。编写人员都是多年在武夷山学习生活工作和茶旅的人士，对武夷岩茶有深刻的理解，因此编写的书籍具有专业性、权威性。

《第一次品岩茶就上手》（图解版）第 3 版，除了保留原来的重要内容外，增添了一些如今发展中出现的新内容，如武夷山茶树品种及岩茶品种香气特征、武夷山市茶叶深加工、武夷岩茶区块链茶产品质量安全全程可追溯，以及热点问题更新等。

本书虽然我们尽力撰写了，但错误在所难免。如有错漏之处，敬请指出，以便再版修正。

李远华于武夷山

2020 年 12 月 23 日

目 录
CONTENTS

第三篇 岩茶之生 / 025

第四篇 岩茶之成 / 035

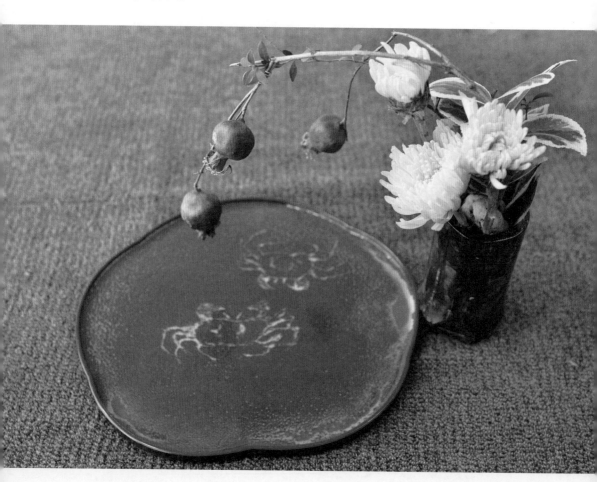

第一篇
进入岩茶世界

武夷山：千载儒释道，万古山水茶。

武夷岩茶（大红袍）传统制作技艺已被列入国家首批非物质文化遗产。

一、岩茶之旅

　　武夷山的天游峰、水帘洞、虎啸岩、一线天、九曲溪，皆是休闲观景的好去处；而与岩茶的心神际会，则有一番别样感受——徜徉在武夷山水中，品味岩茶给予心灵的浸润。

（一）大红袍母树

　　大红袍母树位于九龙窠高岩峭壁上，6 株古朴苍劲的茶树，有得天独厚的生长环境，使得其茶色、香、味俱佳。1998 年 8 月 18 日，在武夷山大王峰山麓隆重举行"第五届武夷岩茶节暨武夷无我茶会"。盛会期间，举行了大红袍茶叶的拍卖活动，20 克的大红袍茶叶卖价达 15.68 万元，其珍贵由此可见。

岩韵石刻

大红袍母树

"大红袍"名称来自民间传说。相传，在古时，有一位进京赶考的人路过武夷山，不幸染上重病，眼见考期将至，他心急如焚。天心永乐禅寺方丈以此茶熬药给他服用，他的病得以痊愈。后来，此人高中状元不忘救命之恩，专程来到茶树下谢拜，并脱下身上的红袍披于茶树上。人们揭下红袍后，发现茶树闪闪发着红光，"大红袍"由此得名。实际上，该茶树叶片泛绿。时人不过是借题发挥而已。

1962年，杭州中国农科院茶叶研究所科研人员剪取了武夷山九龙窠的大红袍枝条并带回杭州扦插，育苗种植，作为种质资源保护；1964年，福建省农科院茶叶研究所也派人来武夷山九龙窠剪取大红袍枝条进行繁育，作为保护研究之用。1985年，武夷山茶叶研究所科技人员从福建省农科院茶叶研究所带回大红袍茶苗并种植在武夷山御茶园名丛标本园内，后经鉴定取名为北斗、奇丹品种。经过多年的精心繁育与推广，到20世纪90年代，武夷山有十多亩无性繁殖的大红袍。现在武夷山大红袍茶已成为代表性品种。

（二）万里茶路起点：下梅

横跨亚欧大陆的"万里茶路"，是继"丝绸之路"之后又一条国际商路，被喻为连通中俄两国商贸友谊的"世纪动脉"。这条茶路以武夷山下梅村作为起点，沿途经过江西的河口，到达湖北的汉口，再经汉水运至襄樊和河南唐河、杜旗，上岸由骡马驮运北上，经洛阳，过黄河，越晋城、长治、祁县、太原、大同、张家口、归化（今呼和浩特），再改用驼队抵达边境口岸恰克图，全长达 5150 公里，被称为"万里茶道"。后来，茶路又延伸到圣彼得堡，全程 1.32 万多公里。

清康熙年间（1662—1722 年），作为"万里茶路"的起点，下梅是武夷茶的集散中心，茶叶通过下梅运往关外销售。下梅有一条千余米长的当溪贯村而过，这条溪河，不仅见证了清顺治年间

鄂木斯克　托木斯克
克拉斯诺亚尔斯克
新西伯利亚
图伦
伊尔库茨克

克拉斯诺亚尔斯克
图伦
伊尔库茨克　乌兰乌德
恰克图
乌兰巴托
赛尔乌苏　二连浩特
鄂兰呼都克　兴和
呼和浩特　张家口
杀虎口　黄花梁
雁门关
忻州
太原
祁县
潞州
泽州　孟津
赊旗店
樊城
汉口
九江
湖南安化　羊楼洞　铅山

中俄蒙"万里茶道"示意图

村中大族茶商邹氏拓水路、建街市，造福一方的善举，也目睹了当年下梅作为武夷岩茶之商埠的繁荣景象。据《崇安县志》记载："康熙十九年，其时武夷茶市集崇安下梅，盛时每日行筏三百艘，转运不绝。经营茶叶者，皆为下梅邹氏。"我们熟知的电视剧《乔家大院》中江南贩茶一段就再现了这段历史。

走进下梅，你可以感受到清代古民居的魅力。下梅民居是集砖雕、石雕、木雕艺术于一身的典型清代民居建筑。现存的有邹氏祠堂、西水别业、邹氏大夫第、施政堂、陈氏儒学正堂、邹宅闺秀楼、方氏参军第、程氏隐士居等民居近40幢，还有镇国庙、天一井等古建筑，一派古色古香，典雅朴素。以其古民居木雕为例，有挑梁、吊顶、桌椅、栏杆、窗棂、柱础等，尤以窗棂为最。窗户以透花格式为主，是四扇、六扇、八扇为一樘的格扇窗。窗棂有斜棂、平行棂等，最大限度地加以艺术化。木雕图案多以人们喜闻乐见的动植物、人物、祥云为题材，表现了劳动人民内心深处对美好生活的向往之情。

置身于下梅古村，感受这里的明清古民居风情，聆听茶商的往事，触摸岁月与历史的脉动，再静静地品上一杯岩茶，让心灵得到放飞，是何等的一种享受啊！

（三）印象大红袍

由著名导演张艺谋、王潮歌、樊跃共同导演的《印象大红袍》，向来自世界各地的观众，展示了不同的武夷"山水茶"文化，展现了夜色中的武夷山之美。它的推出，打破了固有的"白天登山观景、九曲泛舟漂流"的传统旅游方式。导演组将15块电影银幕融入自然山水之中，组成"矩阵式"超宽实景电影场面，现场效果如梦似幻，使观者真切地感受"人在画中游"的奇妙体验。

在短短75分钟的演出里，七饮大红袍的故事，既融汇了茶文化的真谛，又富含生活哲理，让每个观众在感受舞台上光影变幻的时候，也会有自己的思索。雕梁画栋里盛装款款的舞者，舞动着一段梦回唐朝的华美舞姿；水畔绿地上游走的竹林中，肆意张扬着武侠的风骨，浅浅弥散着斗茶的惬意；隔岸沙洲上的实景电影，演绎着大王和玉女的动人爱情，带你走进人在画中的诗意情境；茶农们撩青的轻灵素雅，百人摇青的跌宕宏大，都跳动在武夷阁下一方宽广的梯田上；山水呼应，让人久久无法平静。

待夜幕降临，《印象大红袍》上演，欣赏它给予我们的视觉盛宴吧，若是边饮岩茶，更是一种心神享受。

（四）岩茶与儒释道的关系

武夷山儒、释、道三教同山。武夷岩茶融合了儒家的中庸之美、佛家的空灵之美和道家的自然之美，丰富了武夷山茶文化的内涵。

1. 武夷精舍

武夷精舍又称紫阳书院、武夷书院、朱文公祠，坐落在五曲溪北隐屏峰下，建于南宋淳熙十年（1183年），是朱熹著书立说、倡道讲学的地方。初建时，有仁智堂、隐求室、止宿寮、石门坞、观善斋、寒栖馆、晚对亭、铁笛亭等建筑，时人称之为"武夷之巨观"。

朱熹，字仲晦，号晦庵。祖籍徽州婺源（今属江西），在武夷山生活、从师、讲学、著述长达50年。朱熹在武夷精舍广收门徒，著书讲学，培养了大批学生，其理学思想得到广泛的传播，并使之成为一个有力量、有影响的学派——闽学，在儒学中极具影响力。

朱熹对武夷茶情有独钟，著有《茶坂》《茶灶》《春谷》等诗文。茶灶，武夷精舍12景之一，位于西侧溪流中，为一块天然洲石，上有数处砾石脱落岩穴，可燃炭煮茗。朱熹经常偕友到石上煮茗论道。《茶灶》诗云："仙翁遗石灶，宛在水中央。饮罢方舟去，茶烟袅细香。"反映饮茶之惬意，透露出茶与儒家文化的契合。

2. 天心永乐禅寺

魏晋南北朝时，中原大乱，为避战乱，一些封建士大夫和中原汉民纷纷迁入闽北，佛教也随之传入武夷山。据记载，唐武德元年（618年），已有僧人在武夷山接笋峰下建石堂寺。武夷山的寺庙主要有天心永乐禅寺、慧苑寺、天成禅院、白云禅寺、莲花峰妙莲寺等。

天心永乐禅寺位于天心景区之北的天心岩下，离九龙窠大红袍母树不到10分钟的行程，是武夷山现存最大的寺庙。天心永乐禅寺始建唐代贞元年间（785—804年），因禅寺位于武夷山景区中心，故初名为"山心庵"。唐乾符元年（874年）中秋之夜，扣冰古佛在山心庵望月开悟，始有"天心明月"典故。后人为纪念扣冰古佛，将山心庵改为天心寺。

天心永乐禅寺有茶山，大红袍母树原也是天心寺的庙产。寺内有当代茶界泰斗张天福老人题写的"大红袍祖庭"石刻。天心永乐禅寺创建茶坊，自产岩茶。在寺中，设有茶室、禅堂，寺众以茶论道，以茶养心。天心寺倡导"人间佛教"的弘法理念，践行农禅并举的丛林宗风，弘扬"正、清、和、雅"的禅茶文化，茶成为参禅悟道的修行道具。

茶界泰斗张天福题写的"大红袍祖庭"之石刻

①（老）天心永乐禅寺
②永乐禅寺僧人做茶（吴心正摄）
③天心永乐禅寺之天心禅茶居
④（新）天心永乐禅寺

3. 止止庵

武夷山的道家圣地止止庵，背倚大王峰，两侧皆穿壁，溪涧会天前，面对溪南案山，大小观音石、兜鍪峰形似旗鼓。相传皇太姥、武夷十三仙中的张湛、鱼氏二仙都曾在此修炼。晋人娄师钟、唐人薛邴皆于此炼元养真而去。北宋东京李陶真、洛滨李铁笛、燕山李磨镜相踵而入，卜筑结庵，命名止止。南宋嘉定年间（1208—1224 年），道家内丹南五祖白玉蟾云游武夷山，结交山南詹琰夫，志同道合，搜访遗址，由詹琰夫出资重建止止庵。由此，止止庵成为武夷山道家会聚的胜地。

"止止"何意？据白玉蟾在《止止庵记》中解释："夫止止者，止其所止也。"白玉蟾的内丹学说中心为"精、气、神"，他主张修炼先炼精气，后修神，两者兼达。白玉蟾所提倡的"止止"，一方面是抑制非分的念头，使纷繁复杂的心思归于"至一""虚白"；另一方面是借助外界事物来抑止不正之念。在人间道场，不若喝杯岩茶，以茶静心，以茶养心，谓"孰知茶道全尔真，唯有丹丘得如此"。

二、武夷茶与武夷岩茶

武夷茶，既包含在武夷山区域内历史上所产制的各种名茶，也包括现代当今所产制的各类茶品，如武夷岩茶、武夷红茶、武夷绿茶等。武夷岩茶是乌龙茶中的一种，也称闽北乌龙茶，产自于武夷山，和闽南、广东、台湾乌龙茶制法有区别，按国家颁布的武夷岩茶地理标志保护产品的定义，是指在独特的武夷山自然生态环境条件下，选用适宜的茶树品种进行繁育栽培、用独特的传统加工工艺制作而成的具有岩韵（岩骨花香）品种特征的乌龙茶。

据史料记载，武夷岩茶制作工艺始于明末，形成于清朝。康熙十五年（1676 年），武夷岩茶制作工艺的见证人王草堂撰写了《茶说》一文，其中真实地记述了当时武夷茶的制作技艺。《茶说》是最早有关乌龙茶制作工艺的记录，是中国茶史上的一篇珍贵文献，后被陆廷灿在崇安县任县令时（1717—1722 年）编入其茶书《续茶经》。《茶说》为后人研究乌龙茶起源时间、地点提供了重要史料。

武夷岩茶被公认为中国十大名茶之一，2002 年被国家列为"地理标志保护产品"；鉴于岩茶丰厚的文化底蕴和品质内涵，2003 年武夷山市被国家列为"茶文化艺术之乡"。武夷岩茶的制作工艺，有它的"唯一性""独创性""创新性"的特点。2006 年，武夷岩茶传统制作工艺被国家列入第一批《非物质文化遗产名录》。武夷岩茶有绝对地域性，品种培育可以一样，制作工艺可以相近，但独特的武夷山自然生态环境条件是绝无仅有的。而在同样的自然环境条件下，武夷山核心景区的岩茶，因为微小气候，因为土壤成分，不同地点、不同品种，品质亦有区别。武夷岩茶品质香、清、甘、活，体现在茶水厚重润滑，香气清正幽远，滋味滞留长久。当代"茶圣"吴觉农先生概括武夷岩茶为"品具岩骨花香之胜，味兼红茶绿茶之长"。

三、走进博物馆的"大红袍"

2007年10月，一个特殊的收藏仪式在中国国家博物馆举行。"乌龙之祖，国茶巅峰——武夷山绝版母树大红袍送藏国家博物馆"仪式在北京紫禁城外的端门大殿内举行。最后一次采摘自武夷山母树大红袍的20克茶叶，正式由武夷山赠送给中国国家博物馆珍藏。将茶叶作为藏品，这对于专事收藏具有重大历史文化价值藏品的国家博物馆，可是破天荒的头一遭。

武夷山大红袍之所以被国家博物馆郑重收藏，不仅是因为母树大红袍不再采摘，更是因为以它为代表的乌龙茶，在中国乃至是世界茶叶史上都有着极其深远的影响。

2013年12月9日，由国家首批非物质文化遗产武夷岩茶（大红袍）制作

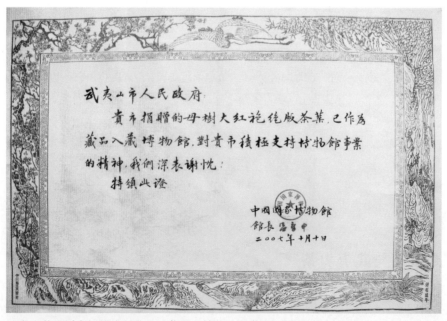

武夷岩茶母树大红袍绝版茶叶入藏国家博物馆收藏证书

技艺代表性传承人手工制作的大红袍代表作收藏品，再度被中国国家博物馆收藏。"大红袍"代表作，由中国非物质文化遗产保护协会、武夷山茶文化交流促进会创意并设计。收藏品内集结了国家首批非物质文化遗产武夷岩茶（大红袍）制作技艺代表性传承人手工制作出的武夷岩茶精品，以及由他们亲笔签名的证书。

2014 年 4 月 18 日，在"万里茶道"沿线城市俄罗斯伊尔库茨克州举行的贝加尔湖·国际旅游项目展会上，素有"茶中之王"美誉的中国名茶——大红袍，被伊尔库茨克博物馆永久收藏，续写了中俄"万里茶道"的历史新篇。

四、屏幕上的武夷茶

1.《乔家大院》在央视热播

2006 年初，一部反映晋商创业历程的电视剧《乔家大院》作为央视开春大戏热播于大江南北，剧中主人公"到武夷山贩茶去"再次将世人的目光聚焦到武夷山和武夷茶上。这部电视剧悄然提高了武夷茶的知名度，许多茶商也都把刊载《乔家大院》与武夷茶内容的当地报纸作为宣传品，向客户推介武夷茶。越来越多的人纷纷主动去了解武夷茶的悠久历史与深厚文化。

2. "万里茶道"形象宣传片面市

2014 年 1 月，武夷山"万里茶道"形象宣传片，简洁明晰、形象直观地向观众展示了从"万里茶道"起点武夷山开始，经江西、湖北、湖南、河南、山西等省份，穿越蒙古戈壁草原，由东向西延伸，横跨西伯利亚通往中亚和欧洲各国，抵达俄罗斯圣彼得堡等地的茶叶贸易的图景。该片由武夷山电视台创意制作，以武夷山市长峰会致辞、国际城市联盟代表携手、古道、地图等元素构成，片结尾推出"打造'万里茶道'品牌，加快建设国际旅游度假城市"的宣传语。之后，该片在其他各大网站也相继播出，使更多的人加深了对武夷岩茶及茶文化的了解。

3. 央视科教频道推出《茶叶之路》

2012 年，央视科教频道播出了纪录片《茶叶之路》。该片以"茶叶之路"的兴衰历史为线索，沿着"茶叶之路"的主要路线，从福建武夷山出发，沿途寻访茶路遗存。此次文化之旅中，分别有中、蒙、俄三位体验者，通过他们的参与和视角寻访茶叶之路有关的遗址遗迹、茶叶贸易的形式以及与茶叶有关的故事和民俗等。在节目的宣传上，利用微博、博客等多种形式发表文章和图片、视频等和观众互动，使观众与万里茶路近距离接触。

天游峰景区

第二篇
茶之出

　　武夷岩茶"臻山川精英秀气所钟，品具岩骨花香之胜"。我们且共探孕育岩韵的山场。

一、现今岩茶产地

　　武夷岩茶是指原料产自福建省武夷山市所辖行政区域范围内，独特的武夷山自然生态环境条件下选用适宜的茶树品种进行无性繁殖和栽培，并用独特的传统加工工艺制作而成，具有岩韵（岩骨花香）品质特征的乌龙茶。

　　武夷山市位于福建省西北部，东连浦城，南接建阳，西临光泽，北与江西省铅山县毗邻。全境东西宽70公里，南北长72.5公里，总面积2798平方公里。地

武夷岩茶山场详图

跨东经 117° 37′ 22″ ～ 118° 19′ 44″、北纬 27° 27′ 31″ ～ 28° 04′ 49″。武夷山素有"奇秀甲于东南"之誉。群峰相连，峡谷纵横，九曲溪萦回其间；气候温和，冬暖夏凉；雨量充沛，年降雨量 2000 毫米左右。地质属于典型的丹霞地貌，多悬崖绝壁。茶农利用岩凹、石隙、石缝，沿边砌筑石岸种茶，有"盆栽式"茶园之称。故有"岩岩有茶，非岩不茶"之说，岩茶因而得名。

武夷山 2015 年茶园面积为 14.8 万亩、产量为 7800 吨、产值达 15.36 亿元，生产销售等涉茶人数 8 万多人，注册茶叶企业有 5800 多家，通过 QS 论证的企业达 560 家。主栽品种包括水仙（占总面积的 42%）、肉桂（占总面积的 21%）、大红袍（占总面积的 28%），其他品种或

武夷名丛栽培面积较少，仅为 9%。主要品种大红袍、水仙、肉桂和奇种等都是晚芽种，占总面积的 70% 以上，早、中芽品种偏少。

2002 年，武夷岩茶被列入国家地理标志保护产品。国家标准《武夷岩茶》（GB/T 18745—2002）将武夷岩茶产区划分为名岩区和丹岩区。武夷岩茶名岩产区为武夷山市风景区范围，区内面积 70 平方公里，即东至崇阳溪，南至南星公路，西至高星公路，北至黄柏溪的景区范围。丹岩产区为武夷岩茶原产地域范围内除名岩产区的其他地区。

2006 年，新版国家标准《武夷岩茶》（GB/T 18745—2006）将武夷岩茶地理标志产品保护范围限于武夷山市所辖行政区域范围，不再划分产区。

武夷岩茶地理标志产品保护范围

二、正岩、半岩与洲茶

　　传统的武夷岩茶，按产地不同划分为正岩、半岩和洲茶。岩茶产地现在俗称"山场"。山场，主要表现在土壤和微域小气候两个方面。武夷岩茶山场因素的形成有其复杂的地质原因。大约在 8000 万年以前，武夷山发生火山喷发，再加上后来的地壳变动和地表侵蚀，使市区、武夷、星村一带形成一个呈东北方向的短轴盆地，盆地的四周是由火山岩组成的高山峻岭，盆地的中间逐渐形成湖泊。火山岩风化的含有铁质岩石碎片，随着流水的冲击而沉积湖底。沉积物中的铁质经过氧化作用变成紫红色，逐渐形成紫红色岩层，这就是正岩土壤的基础。后来，由于地壳变动，湖盆西部凹陷断裂，而其东部则西倾，山顶皆翘首东向，形成了大大小小的单斜山或单斜断块山，即现在常说的三十六峰、九十九岩。在岩坑中，由于岩崖和森林的遮阴，夏季茶树

仙人岩茶园

鹰嘴岩茶园

承受散射光，冬季高崖挡住西北的冷风，湖泊溪流有终年不断的岩隙流水补充。因此，岩坑谷的微域气候更为优越，为茶树的生长提供了良好的气候环境。

（一）正岩产地与特点

正岩产区以著名的"三坑两涧"——慧苑坑、大坑口、牛栏坑、流香涧、悟源涧为代表，还有慧苑岩、天心岩、马头岩、竹窠、九龙窠、三仰峰、水帘洞等。土壤含砂砾量较多，达 24.83% ~ 29.47%；土层较厚；土壤疏松、孔隙度 50% 左右，土壤通透性好，有利于排水；且岩谷陡崖，夏季日照短，冬挡冷风；谷底渗水细流，周围植被条件好。正是这一切造就了独特的正岩茶的"茶土"，即土层厚，富钾、锰，土壤酸度适中，土壤多砾质。

正岩

①古崖居茶园
②水帘洞茶园
③章堂涧古桥

慧苑寺

1.慧苑坑

慧苑坑位于玉柱峰北麓，是武夷山岩茶产区的核心地带，在"三坑两涧"中区域面积最大。慧苑坑土质优良，具有良好的生态环境和天然的区域小气候。出产的茶叶品质独特而优良。史料记载的很多名丛出自这里，目前仍有铁罗汉、白鸡冠、白牡丹、醉海棠、白瑞香、正太阴、正太阳、不见天等珍稀名丛留存。当地人又称慧苑坑为"慧宛坑"。传说，有个名叫慧远的和尚来到天心庙附近坐禅，建立慧苑寺，并将位于慧苑寺边上的鸟语花香的幽谷命名为慧苑坑。由于个别人读字半边，将慧苑寺误读为"慧宛寺"，在民间便被沿用至今。慧苑坑出产的水仙最为有名，备受茶人推崇。

2.牛栏坑

牛栏坑位于章堂涧与九龙窠之间，为武夷山风景区三条重要沟谷之一。牛栏坑

涧谷土质肥沃，日照较短，为茶树生长提供了良好的生长环境。涧谷南侧为杜辖岩北壁，有"虎""寿"等摩崖石刻，另有方志敏领导的红十军第二次入闽时题刻的"红军经过此山"等。牛栏坑出产的肉桂（俗称"牛肉"）最为有名。

牛栏坑茶园

①茶园栽培管理：松针覆盖
②牛栏坑茶园：杂草覆盖
③牛栏坑茶园：铁芒萁覆盖
④牛栏坑茶园：修剪枝叶回园
⑤牛栏坑：茶园表土回填

牛栏坑老茶树

牛栏坑肉桂

3. 大坑口

大坑口为通往天心岩的一条深长峡谷，横贯东西，连接天心岩和崇阳溪的水系，水量丰富，且溪流从上游带来肥沃的土壤。坑涧两边茶园广布，茶园东西朝向，光照充足，适合种植水仙和肉桂。所产的茶品极佳。

4. 流香涧

原名倒水坑，位于天心岩北麓。武夷山风景区内的溪泉涧水，均由西往东流，汇于崇阳溪。唯独流香涧，自三仰峰北谷中发源，流势趋向西北，倒流回山，故得名"倒水坑"。倒水坑两旁壁立苍石丹崖，青藤垂蔓，野草丛生，而其间却又夹杂着一丛丛山惠、石蒲、兰花。一路走去，流水淙淙，一缕缕淡淡的幽香扑鼻而来。明朝诗人徐渤曾游历此地，将此涧改名为流香涧。

5. 悟源涧

悟源涧为流经马头岩麓的一条涧水。通向马头岩的涧旁石径静谧而幽深，令人悟道思源，故得名悟源涧。涧旁石壁上刻有此三字涧名，还有乾隆年间（1736—1795年）江西茶商捐资修建石径的题刻。武夷山风景区内最高峰——三仰峰流出的诸多小溪流，汇集到马头岩区域，形成悟源涧的源头，涧水流到山脚的兰汤村，最后汇入九曲溪。

（二）半岩产地与特点

半岩产区分布在青狮岩、碧石岩、燕子窠等。土壤为红色硅铝质土，土层较薄，铝含量较多，钾含量特少，酸度高，质地较黏重。

（三）洲茶产地与特点

洲茶产地主要是正岩和半岩区域之外的黄壤土茶地及河洲、溪畔冲积土茶地等，范围较广泛。

（四）正岩、半岩与洲茶的品质比较

不同产地的土壤环境，对茶叶品质影响较大。研究表明，正岩、洲茶地土壤中的氮、磷、锰和有机质含量差异不大，但 pH 值、钾、锌、镁等微量元素及土壤的疏松度差异明显，直接导致了茶叶生化成分的差异。茶叶的品质不但与各生化成分总量有关，也与各成分之间的比例有关。①滋味方面：正岩和洲茶中，茶多酚、咖啡碱、可溶性糖、儿茶素的总量差异不大，但正岩茶中水浸出物含量（茶汤厚度）、氨基酸、酚氨比（茶汤浓度、茶味的轻重）明显高于洲茶。②香气方面：香气物质总量呈现正岩茶＞半岩茶＞洲茶的趋势。不同产地的茶青，其香气成分中有相同的物质，也有独有的香气物质，且同一香气成分含量及比例不同，从而表现出不同的山场特征。

正岩产区所产茶叶品质特征表现为岩骨花香，即"茶水厚重润滑，香气清正幽远，回甘快捷明显，滋味滞留长久"，具有明显的"岩韵"。半岩产区和洲茶地所产茶叶，"岩韵"不明显或没有"岩韵"。

茶树的生长除受土壤的影响外，还受光照、温度、湿度等影响，因此即使是正岩的同一个山场产的茶，坑底的茶和山岗上的茶味道区别可能很大。岩茶的品质除受山场的影响外，还受品种和工艺的影响，不同的树种在同一个山场会表现出不同的品质，不同的制茶师做出的茶品质差距也较大。正岩茶只要加工工艺技术没有问题，就会有"岩骨"；外山茶做得再好，依然没有"岩骨"。

三、岩茶知名企业（商会）

（一）百年传统茶行

茶庄、茶行随武夷山茶市的繁荣与兴起及武夷茶对外贸易的兴衰而起伏。茶行的发展与茶叶集散地的变迁有关。民国《崇安县新志·物产·茶》记载："清初本县茶市在下梅、星村，道、咸间下梅废而赤石兴。"下梅，武夷山古村

武夷山古关隘图

落，是晋商在武夷山贩茶的第一码头，是晋商"万里茶路"的起点。

"景隆号"是下梅村茶庄号，邹家当年以此商号经营武夷茶叶并发家致富。当年的"景隆号"记录了邹氏家族的创业历史，见证了武夷茶市、茶庄、茶行蓬勃发展的历史。星村桐木茶庄大大小小有30余家，主要收购正山小种红茶，也兼营武夷岩茶。当时有名的茶庄主要有桐木庙湾的梁品记茶庄、星村的华记茶庄、永茂隆茶庄、永发茶庄等。

武夷山市志记载，旧时武夷茶庄的经营者有漳州、泉州、潮汕、广州、山西和本地茶商，有经营历史悠久的集泉茶庄、芳茂茶商行、生源茶商行、奇苑茶庄、泉苑茶庄、继昌茶庄、广泰茶商行等。在众多的茶庄中，因乡土及方言关系分有帮别：闽南茶商称"下府帮"，潮汕方言为准的名为"潮汕帮"，广州人组成的茶商称为"广东帮"，以山西等地为主的叫"西客帮"，本地籍者为"本地帮"。

据1940年林馥泉对武夷茶庄的调查资料，当时登记在册的茶庄有30余家，其中不乏经营几十年上百年颇有名望的茶庄。武夷旧时茶庄调查表登记注册的有集泉茶庄、泉苑茶庄、芳茂茶庄、成昌茶庄、奇苑茶庄、泰峰茶庄、泉馨茶庄、

民国芳茂老字号茶商行注册文件

锦祥茶庄、文圃茶庄、启峰茶庄、万发茶庄、泉发茶庄、泉顺茶庄、福美茶庄、合记茶庄、兴泰茶庄、合顺茶庄、瑶珍茶庄、瑞兴茶庄、瑞记茶庄、兴记茶庄、振记茶庄、丰泰茶庄、植记茶庄、宝源茶庄、协盛茶庄、继昌茶庄、生源茶庄、华侨复兴青茶厂、万华茶庄、金峰茶庄、源美茶庄、鸿记茶庄、集成茶庄、全泰茶庄、源泉茶庄、振昌茶庄，等等。

闽南一带经营武夷茶的名店、名茶列举如下：泉州张泉苑（泉苑茶庄）"水仙种"，惠安施集泉（集泉茶庄）"铁罗汉"；厦门杨文圃（文圃茶庄）"名色种"；漳州林奇苑（奇苑茶庄）"三仰水仙"，漳州林金泰茶行"老枞水仙"；厦门傅泉鑫（泉馨茶庄）"宝国各种"，武夷茶饼。

（二）现今武夷山岩茶品牌企业（商会）

武夷山部分知名岩茶品牌企业（商会）

序号	企业（商会）	序号	企业（商会）
1	武夷山茶叶科学研究所	10	武夷山岩茶厂
2	武夷星茶业有限公司	11	武夷山南湖生态茶业有限公司
3	武夷山永生茶业有限公司	12	武夷山琪明茶业科学研究所
4	武夷山茶叶总厂	13	武夷山天邑茶业有限公司
5	武夷山九曲溪前岩茶厂	14	武夷山古茶道茶业有限公司
6	武夷山兴九茶有限公司	15	武夷山陶渊茗茶叶科学研究所有限公司
7	武夷山清神阁茶叶有限公司	16	武夷山通仙茶业有限公司
8	武夷山天心岩茶园茶厂	17	武夷农业生态园有限公司
9	武夷山北岩岩茶精制厂	18	武夷山跑马岗岩茶厂

续表

序号	企业（商会）	序号	企业（商会）
19	武夷山碧丹岩生态茶叶有限公司	47	武夷山幔亭岩茶研究所
20	武夷山十八寨岩茶有限公司	48	武夷山永乐天阁茶业有限公司
21	武夷山青龙食品（九曲山茶叶）有限公司	49	武夷山焦岭关生态茶业有限公司
22	武夷山富翔茶业有限公司	50	武夷山幔亭峰茶业有限公司
23	武夷山绿洲茶业有限公司	51	武夷山森林公园茶厂
24	武夷山岩雾茶业有限公司	52	武夷山丹韵茶业有限公司
25	武夷山正袍国茶茶业有限公司	53	武夷山青狮岩茶厂
26	武夷山瑞泉岩茶厂	54	武夷山林海原生态茶业有限公司
27	武夷山北斗岩茶研究所	55	武夷山金红袍茶业有限公司
28	武夷山九龙袍茶业有限公司	56	武夷山继昌茶庄
29	武夷山内山茶坊有限公司	57	武夷山叶嘉岩茶厂
30	武夷山慧苑岩茶科学技术研究所	58	武夷山擎天岩茶厂
31	武夷山华辉九龙岩茶厂	59	武夷山皇龙袍茶叶有限公司
32	武夷岩生态茶业有限公司	60	武夷山裕兴茶叶公司
33	武夷山钦品茶业有限公司	61	武夷山其云岩茶公司
34	武夷山瑞善生态茶业有限公司	62	武夷山夷发茶叶科学研究所
35	武夷山广卉堂茶业有限公司	63	武夷山袍中天茶业公司
36	武夷山芳茂茶业有限公司	64	武夷山佳宏盛达茶叶有限公司
37	武夷山隆袍茶业有限公司	65	武夷山成隆天创茶业公司
38	武夷山七茶斋茶业有限公司	66	武夷山东润有机茶叶有限公司
39	武夷山红锦堂茶业有限公司	67	武夷山九曲源茶业有限公司
40	武夷山九鹤茶业有限公司	68	武夷山龙辉茶厂
41	武夷山瑞芳茶叶发展有限公司	69	武夷山丹苑名茶有限公司
42	武夷山天泉岩茶厂	70	武夷山闽祖源茶业有限公司
43	武夷山茗上缘茶业有限公司	71	武夷山茶叶流通协会、广东武夷山茶叶商会
44	武夷山岩皇茶厂	72	武夷山茶业同业公会
45	武夷山兴舒岩茶有限公司	73	武夷山茶叶行业商会
46	武夷山岩上茶业有限公司		

第三篇

茶之生

　　武夷山号称"茶树品种王国"。岩茶分布在三十六峰、九十九岩，形成盆景式茶园。栽培种植为武夷耕作法。

一、岩茶的生长环境

武夷山有三十六峰、九十九岩。武夷岩茶茶园分布在山坳岩壑里，四周林木葱茏，花草蔓生。茶树生长在岩壁间，形成了盆景式茶园。

岩茶茶园

（一）土壤

武夷山岩石主要是火山砾岩、砾岩、红砂岩、页岩、凝灰岩等。武夷岩茶就是生长在这样的岩石风化土壤里的。《茶经》云："上者生烂石，中者生砾壤，下者生黄土。"烂石，指风化比较完整、养分齐全、结构良好的土壤。砾土指含风砂粒多，黏性小的砂质土壤，是山麓风化完善、发育良好的坡积土。黄土是一种质地黏重、土壤孔隙度少、结构性差的黄泥土，这种土壤不经过改良是长不好茶树的。正岩茶园土壤含砂砾量较多，达24%～29%，孔隙度50%，土壤通透性能好，土层好，钾锰含量高，酸度适中，制出的茶岩韵显。半岩茶园主要是厚层岩红土，土层较薄，铝含量高，钾含量特少，酸度较高，质地较黏重，制出的茶岩韵微显。洲茶的产地马头岩一带主要是黄壤土，狮子口、九曲溪畔是冲积土，土壤中钙含量高，土壤肥沃，制出的茶岩韵略逊。

（二）温度

武夷山年均温度 17.9℃，最高温度 34.5℃（7 月），最低温度 1℃～2℃（1 月），极端天气很少出现。日夜温差大，早晚凉，中午热。白天茶树光合作用生成物质多，夜晚温度低，茶树呼吸作用减弱，有机物的消耗少，糖类缩合困难，纤维素不易形成，有利于茶树新梢中内含物的积累和转化，使氨基酸、咖啡碱、芳香物质等成分含量丰富。

（三）水分

武夷山境内雨量充沛，年均降雨量为 1800～2200 毫米，降雨季节集中于 3～6 月，呈现春潮、夏湿、秋干、冬润的特点。在茶季降雨量一般都高于 100 毫米，适宜茶树生长。全年雾露较多，空气相对湿度大（湿度均在 80% 以上）。又因终年岩泉点滴不绝，茶园土壤湿润，茶树新梢持嫩性较强，不易粗老，芽叶肥壮。

（四）光照

武夷山茶园建立在峭壁、陡坡或岩谷之间，密林环抱，阳光穿透散射到茶树叶面上；雾气笼罩，光照通过水汽层，直射光减少，漫射光增多，光照时间比平地短，多数茶园终年无直射光照，茶叶中各种内含物，尤其是芳香物质的种类和数量与其他产区有明显的差异，形成岩茶独特的品质。

二、岩茶栽培

武夷岩茶已有一千余年的栽培历史。岩茶之所以享有极高的声誉，是与其优越的自然条件、精湛的制茶技术，以及特殊的种植技术密不可分的。

1. 茶园特色

园地周边的生态环境好，空气清新，土壤、水源无污染，植被丰富。茶园的成土母岩，绝大部分为火山砾岩，剖面发育颇不完全，具有母岩的棕红色，经风化、冲蚀，表面呈棕色松散状，厚度 1 米以上，pH 值为 4.5～5.2。

盆景式茶园

2. 茶园布局

武夷山茶区地形错综复杂，岩茶区大部分利用幽谷、深坑、岩隙、山坳和部分缓坡山地，开园种茶。岩茶产区内茶园、水沟、道路布局自然奇妙，顺势流水汇集，道路错落有致，林木茂盛，茶树与岩石构成一幅幅天然山水画。

3. 茶园建设与栽培管理

武夷岩茶是生态茶园。茶园周边岩壁陡峭，岩顶植被茂密，水土保持良好。开好排水沟，以石砌梯。另有险峻石隙，砌筑石座。表土回园，重施基肥，或运填客土，以土代肥。扦插育苗，移栽种植。适当密植，良种良法。合理修剪，枝叶、杂草回园覆盖。

"岩韵"与独特的栽培技术武夷耕作法有关。其中较突出的是"深耕吊法""客土法"。深耕吊法是指八九月份挖山深翻时，将近根部有效养分吸收吊向行中，根部经日光曝晒，起除虫灭病和土壤熟化的作用。客土中含有大量的微量元素，如铁（Fe）、铜（Cu）、锰（Mg）、锌（Zn）等，它们是形成岩韵的重要特质。

4. 茶树采摘与维护

少数高端岩茶手工采摘，多数是机械采摘。采摘为开面成熟采，一芽三四叶。为防高寒、干旱、冻害，将杂草、稻草、麦秸等均匀覆盖行间裸露土壤之上。采用农业防治、物理防治与生物防治相结合的方法，来抑制茶园病虫害的发生。

①除草
②浇水
③幼龄茶园铺草
④耕作

三、岩茶种植品种

　　武夷山茶树种质资源十分丰富，号称"茶树品种王国"。据史料记载，武夷山茶树有 1187 种。茶树种类的来源分为两大类：一类是武夷山当地各类名丛、单丛以及从中选育出的茶树品种，另一类是从其他茶叶产区引进的品种。

　　当地主要栽种大红袍、水仙、肉桂等品种以及部分名丛、单丛。由于茶树品种不同，其发芽迟早、生长快慢等差异很大。武夷岩茶充分发挥品种间的搭配、协同作用，提高了初制生产效率及初制厂房设备的利用率，做到了经济效益好，品种多样化、良种化。武夷岩茶的种植良种如下表所示。另外，其他适制武夷岩茶的名丛、单丛有：玉麒麟、向天梅、大红梅、正太阳、正太阴、正柳条、醉贵妃、红鸡冠、金罗汉、素心兰、玉井流香、红孩儿等。

武夷岩茶种植品种

序号	名称	原产地	主要特征
1	大红袍	武夷山	无性系，灌木型，中叶类，晚生种
2	水仙	建阳	无性系，小乔木型，大叶类，晚生种
3	肉桂	武夷山	无性系，灌木型，中叶类，晚生种
4	黄观音	福建省茶科所选育	无性系，小乔木型，中叶类，早生种
5	黄旦	安溪虎丘	无性系，小乔木型，中叶类，早生种
6	丹桂	福建省茶科所选育	无性系，灌木型，中叶类，早生种
7	金观音	福建省茶科所选育	无性系，小乔木型，中叶类，早生种
8	白芽奇兰	平和县	无性系，灌木型，中叶类，晚生种
9	梅占	安溪西坪	无性系，小乔木型，中叶类，中生种
10	毛蟹	安溪大坪	无性系，灌木型，中叶类，中生种
11	佛手	安溪虎丘	无性系，灌木型，大叶类，中生种

续表

序号	名称	原产地	主要特征
12	黄奇	福建省茶科所选育	无性系，小乔木型，中叶类，早生种
13	九龙袍	福建省茶科所选育	无性系，灌木型，中叶类，晚生种
14	春兰	福建省茶科所选育	无性系，灌木型，中叶类，早生种
15	悦茗香	福建省茶科所选育	无性系，灌木型，中叶类，中生种
16	黄玫瑰	福建省茶科所选育	无性系，小乔木型，中叶类，早生种
17	金牡丹	福建省茶科所选育	无性系，灌木型，中叶类，早生种
18	金玫瑰	福建省茶科所选育	无性系，小乔木型，中叶类，早生种
19	紫牡丹	福建省茶科所选育	无性系，灌木型，中叶类，中生种
20	矮脚乌龙	建瓯东峰	无性系，灌木型，小叶类，中生种
21	金凤凰	武夷山茶科所选育	无性系，小乔木型，中叶类，中生种
22	铁罗汉	武夷山	无性系，灌木型，中叶类，中生种
23	白鸡冠	武夷山	无性系，灌木型，中叶类，晚生种
24	水金龟	武夷山	无性系，灌木型，中叶类，晚生种
25	半天妖	武夷山	无性系，灌木型，中叶类，晚生种
26	北斗	武夷山	无性系，灌木型，中叶类，中生种
27	金桂	武夷山	无性系，灌木型，中叶类，晚生种
28	金锁匙	武夷山	无性系，灌木型，中叶类，中生种
29	白瑞香	武夷山	无性系，灌木型，中叶类，中生种
30	雀舌	武夷山	无性系，灌木型，小叶类，特晚生种
31	瓜子金	武夷山	无性系，灌木型，小叶类，晚生种
32	武夷菜茶	武夷山	有性系，灌木型，混生种

奇丹　　　　　醉贵妃　　　　　玉麒麟

瑞香　　　　　水金龟　　　　　玉观音

肉桂　　　　　留兰香　　　　　老君眉

玉井流香　　　　北斗　　　　　胭脂柳

佛手　　　　　半天妖

雀舌　　　　　水仙　　　　四大名丛之一白鸡冠

四、茶树花名

　　茶树花名是武夷岩茶的一个特色。武夷名丛来源于武夷菜茶，名丛都有"花名"。据林馥泉（1914—1982）的著作《武夷茶叶之生产制造及运销》（1943 年丛刊）记载，仅慧苑一带，就有 830 个茶树花名，主要如下：

铁罗汉	素心兰	铁观音	不见天	醉西施	白月桂	正太仓	水葫芦
夜来香	金狮子	红月桂	瓜子仁	醉贵妃	赛文旦	正雪梨	巡山猴
绿蒂梅	正碧梅	过山龙	醉海棠	醉毛猴	正太阳	金丁香	仙人掌
桃红梅	正碧桃	瓜子金	醉洞宾	白雪梨	正太阴	并蒂兰	正芍药
正瑞香	绿芙蓉	白杜鹃	副独占	碧桃仁	正玉兰	白麝香	白吊兰
绿莺歌	金观音	正蔷薇	月月桂	红孩儿	白奇兰	粉红梅	金柳条
绿牡丹	正黄龙	大绿独占	罗汉松	白瑞香	正肉桂	石乳香	正毛猴
正珊瑚	水金钱	莲子心	苦　瓜	石中玉	不知春	万年红	正木瓜
万年青	石观音	水金龟	正梅占	四方竹	满树香	奇兰香	虎耳草
一枝香	龙须草	金钱草	观音竹	月上香	八步香	四季香	英雄草
千里香	满山香	灵芝草	叶下红	满地红	满江红	太阳菊	渊明菊
精神草	日日红	半畔菊	老来红	状元红	沉香草	东篱菊	凤尾草
蟹爪菊	水沙莲	午时莲	佛手莲	千层莲	八角莲	瓶中梅	岭上梅
出墙梅	庆阳兰	莺爪兰	石吊兰	四季兰	玉　蟾	金蝴蝶	金石斛
金英子	金不换	玉狮子	玉麒麟	玉莲环	红海棠	红鸡冠	红绣球
虎爪黄	玉孩儿	绿芙蓉	大桂林	水中蒲	绿菖蒲	水中仙	老君眉
老来娇	老翁须	点点金	向日葵	剪春罗	剪秋罗	国公鞭	蟾宫桂
孔雀尾	万年松	关公眉	马尾素	七宝塔	珍珠球	叶下青	人参果
石莲子	吊金龟	双凤冠	威灵仙	过江龙	佛手柑	双如意	提金钗
小玉桂	一枝春	一叶金	翠花娇	蓝田玉	洛阳锦	节节青	王母桃
花藻石	紫金冠	石钟乳	隐士笔	同心结	竹叶青	洞宾剑	天明冬
不老丹	马蹄金	五经魁	芭蕉绿	西园柳	虞美人	夹竹桃	香茗涩

天南星	小桃仁	云南碧	絮柳条	梧桐子	宋玉树	步步娇	笑牡丹
莲花盏	夜明珠	绣花针	观音掌	紫金绽	名橄榄	紫木笔	迎春柳
野蔷薇	山上蓁	十八草	墨斗笔	醉和合	魂还草	胭脂米	醉水仙
白苍兰	白豆蔻	白杜鹃	白玉梅	金紫燕	金沉香	白玉笋	白玉簪
玉樱桃	白茉莉	赛龙齿	赛羚羊	赛珠旗	赛玉枕	赛洛阳	出林素
玉如意	玉美人	正水枝	正玉盏	正斑竹	正玛瑙	正参须	正荔枝
正松罗	正白毫	正紫锦	正长春	正束香	正琉璃	正坠柳	正浮萍
正银光	正唐树	正荆棘	正罗衣	正棋楠	红豆蔻	玉兔耳	岩中兰
七宝丹	五彩冠	白玉霜	向东葵	海龙角	倒叶柳	蕃芙蓉	初伏兰
向天梅	玉堂春	虎爪红	月月红	正青苔	正白果	正凤尾	正萱草
正桑葚	正次春	正山栀	正石红	正石蟹	正郁李	正蟠桃	正墨兰
正竹兰	正玉菊	大夫板	万年木	君子竹	紫荆树	千年矮	九品莲
金锁匙	水杨梅	水底月	月中仙	四季竹	忘忧草	正唐梅	玉女掌

第四篇
岩茶之成

　　武夷岩茶开面成熟采，只制作春茶与冬片。岩茶加工工艺精致，需要做青、焙火、拼配等工序。

一、岩茶采摘

武夷岩茶一年采制两次，即春茶和冬片（有的称"冬茶"）。正岩产区一年只采制春茶，半岩及洲茶产区除产春茶外采制一部分冬片。春茶的品质较冬茶优，冬片的香气好，但滋味相对春茶淡薄。

（一）采摘时间

武夷山春茶采摘期为4月中旬至5月中旬（特早芽种在4月上旬，特迟芽种在5月下旬）。一般选择晴至多云的天气采制，阴雨天不采或少采制。晴天和多云天气的上午9～11点、下午2～5点采摘的茶青，质量好。手工制作的岩茶雨天不采制。

武夷岩茶采摘标准：中开面采

武夷岩茶主要品种采摘时间顺序

序号	品种	采摘时间
1	凤凰单丛	4月5日
2	八仙	4月10～15日
3	黄观音	4月12～18日
4	金观音	4月12～18日
5	黄旦	4月15～18日
6	黄玫瑰	4月20～24日
7	丹桂	4月20～24日
8	白瑞香	4月24日
9	梅占	4月23～28日
10	佛手	4月23～28日
11	紫红袍	4月23～28日
12	矮脚乌龙	4月23～28日
13	白鸡冠	4月23～28日
14	半天妖	4月23～28日
15	毛蟹	4月28日
16	毛猴	4月28日
17	水仙	4月27～29日
18	铁罗汉	4月27～30日
19	北斗	4月28日～5月3日
20	肉桂	5月1～10日
21	奇丹	5月1日
22	水金龟	5月1日
23	雀舌	5月10～21日
24	不知春	5月21日

（二）采摘标准

　　武夷岩茶鲜叶采摘标准为新梢芽叶发育成熟，采开面三四叶。不同的品种略有差异，肉桂中小开面最佳，水仙中大开面最佳。

（三）采摘方式

　　武夷岩茶采摘方式有人工和机械两种。人工采摘占用人力多、成本高、管理难度大，在武夷山茶园分散、地形复杂、茶树长势不一处较为适用。机械采摘省劳力、成本低、速度快、效率高，适宜大面积标准化管理的茶园使用。初次使用机采茶青质量较差，含有大量的老梗、老叶，长短不一；机采连续 2 ～ 3 年后，

手工采摘的岩茶鲜叶

茶青质量比人工采摘的更好。

（四）茶青贮运

　　茶青采下后及时运达加工厂进行加工，缩短贮运的时间。通风散热，避阳薄摊，勤翻拌。不同山场、不同采摘时间、不同品种分开制作。

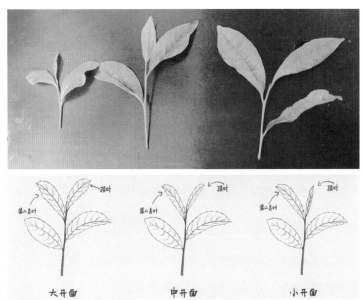

岩茶开面鲜叶

二、手工制作岩茶

武夷岩茶（大红袍）传统手工制作工艺制作的工序有晒青（日光萎凋）、晾青、做青、初炒、初揉、复炒、复揉、初焙、扬簸、凉索、拣剔、复焙、炖火、归堆、筛分、拼配等十几道工序，主要技术要点如下：

岩茶手工制作过程

工序	技术要点
晒青	鲜叶均匀薄摊在水筛上，放在阳光充足、空气流通的晒青架上，接受日光作用，用光能和热能在较短时间内完成萎凋过程
晾青	晒后青叶转移到室内晾青架上，在通风阴凉的环境里散失热量，继续进行缓慢的萎凋
做青	水筛的不断回旋和上下翻动，使叶子在水筛上作圆周旋转和上下跳动，叶与叶、叶与筛面碰撞摩擦，叶片边缘细胞组织逐渐损伤而变红，花果香显露。包括摇青和静置：整个过程经过 7～10 次摇青，时间 8～12 小时，摇青转数逐次增多，从几次到百多次不等；静置时间逐次增长，摊叶厚度逐次加厚
初炒	锅温 260℃～300℃，锅底泛红，手伸到锅底上方感觉炙手，投叶翻炒。每锅投叶量约 1 公斤。叶子下锅后双手敏捷翻炒，炒青时间 2～3 分钟，翻炒 40～50 次
初揉	在有十字形棱骨的竹筛内趁热揉捻，快速、短时，趁热重揉 30 多下，使茶汁外溢，叶子成条，然后解块
复炒	锅温较初炒温度低，温度 150℃～180℃，迅速翻炒 15～25 秒钟
复揉	趁热、快速、重揉，时间约 1 分钟，使茶叶揉捻成条，条索紧结
初焙	在焙火间烘焙。揉捻叶均匀放置在狭腰篾制的焙笼中，将焙笼移至焙窟上。温度 100℃～110℃，时间 10～12 分钟，期间翻拌 3 次，烘至七成干下烘
扬簸	去除黄片、碎片、茶末等
凉索	摊放水筛，搁置晾青架，时间为 6～8 小时
拣剔	去除茶梗，拣去黄片和茶类夹杂物

续表

工序	技术要点
复焙	在焙笼上低温慢焙。温度 70℃～80℃，摊叶厚度 2～3 厘米，每笼约 1.5 公斤，其间多次翻拌
炖火	温度为 55℃～60℃。为避免香气散失，焙笼加盖，时间 2～4 小时，有火香为止
归堆	审评、分级、归堆
筛分	按各成品品质要求和火候标准进行筛分
拼配	按成品品质要求和毛茶品质特点进行拼配

①晒青
②开青
③晾青
④摇青
⑤摇青叶发酵适度
⑥炒青
⑦揉捻

三、机制岩茶

武夷岩茶机械制法由六道工序组成，即萎凋、做青、炒青、揉捻、干燥、精制加工。主要技术要点如下：

岩茶机械制作过程

工序	技术要点
萎凋	有日光萎凋（晒青）和加温萎凋两种。晒青青叶放在棉布、谷席上，薄摊使叶子均匀接受阳光的照射，总历时30～60分钟不等。加温萎凋用综合做青机的鼓风机将热空气变成气流并强制它从叶层空隙间通过，促进叶片水分的蒸发
做青	吹风、摇青、静置，反复多次。根据不同品种的不同特征，需摇青5～10次，历时6～12小时。做青变化：青气→清香→花香→果香，叶面绿色→叶面绿黄→叶缘红边渐现→叶缘朱砂红，呈汤匙状，三红七绿
炒青	滚筒式杀青机（110型或90型），筒温220℃以上。时间6～10分钟，高温快炒、透闷结合
揉捻	趁热揉捻，热揉快揉短揉，先轻压后重压，老叶重压嫩叶轻压，中途减压1～2次，全过程6～10分钟
干燥	分初干和复干。一般用自动链式烘干机。揉捻叶均匀抖散在烘干机的传送带上，摊叶厚度1～2厘米，初干温度130℃～140℃，复干温度110℃～120℃。干燥后的茶叶称毛茶
精制	审评、筛分、风选、拣剔、烘焙、拼配、匀堆装箱，精制后称成品茶

晒青　　　　　　　　　　　晾青

摇青

机械炒青

制茶工具与设备

第五篇

岩茶之辨：大红袍·水仙

茶王大红袍，又叫"奇丹"，茶中珍品，至今有 350 多年历史。

水仙是岩茶主栽品种，香味幽长，有春季水仙、冬片水仙及老枞水仙。

一、岩茶名丛

　　岩茶名丛为一个茶王即大红袍和四大名丛——铁罗汉、水金龟、白鸡冠、半天妖。此外，还有众多单丛，如北斗、白瑞香、雀舌、不知春、老君眉、金锁匙、小红梅、瓜子金、不见天、石中玉、状元红、玉麒麟、向天梅、醉贵妃、胭脂柳、红孩儿、玉井流香、岭下兰、醉墨等。这些众多岩茶名丛、单丛都是从武夷菜茶（也叫奇种）中筛选出来的优良种质。但武夷岩茶的主栽品种是大红袍、水仙、肉桂，这三个品种种植面积最大，产量最多，其中水仙是引进品种，大红袍、肉桂是武夷山本地品种。

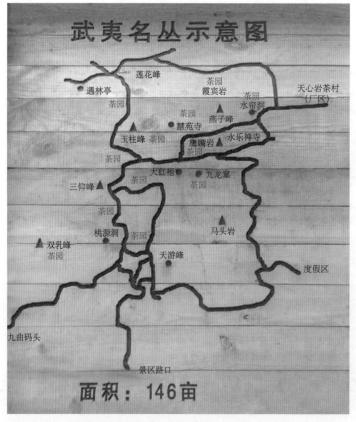

名丛图

第四株不知为何生长在此；第五株为第一株的扦插无性繁殖，第六株为第二株的扦插无性繁殖。现有的纯种大红袍都是来自母树大红袍的扦插无性繁殖。

大红袍的茶树因早春萌发的嫩芽呈紫红色，远远望去，茶树一片红艳，因而得名"奇丹"。大红袍品种，2011年由福建省农作物品种委员会组织鉴定，2012年福建省文件正式命名。

二、名丛之冠大红袍

（一）大红袍母树与"奇丹"

1999年，联合国教科文组织将武夷山列入《世界自然与文化遗产名录》，大红袍母树作为古树名木成为其重要的组成部分。

20世纪80年代，在武夷山景区天心岩九龙窠岩壁上有3株大红袍母树，现发展到6株，其中最早的株丛距今已有350多年的生长历史。6株中的第一、二、三、四株的种性不同，叶片形状、生育期都不一样，第一、二、三株保留原种，

第二株　　　　　第三株

第二株和第三株母树大红袍一芽四叶期新梢

北斗

大红袍母树管护单位与摩崖题刻

1949 年前，大红袍母树是天心永乐禅寺庙产。1949 年后，大红袍母树由崇安县（现武夷山市）公安局管护，1963 年划归县综合农场管理。1995 年 5 月 29 日，武夷山市政府把大红袍母树委托给市茶叶科学研究所管护，并下达政府文件《武夷山市人民政府关于委托武夷山市茶叶研究所对大红袍母树进行保护管理的通知》。

大红袍母树看守小木屋，于 1932 年建立，1995 年木屋尚存。

九龙窠石壁摩崖石刻"大红袍"3 个大字，是民国第 33 任崇安县长吴石仙所题的。字于抗战胜利后，由石匠黄华友（又名：黄华有）所刻。黄华友于 1949—1950 年任天心村农会主席。

（二）大红袍茶树的保护

1. 大红袍茶树无性繁育项目获得成功

九龙窠的大红袍母树已有 390 多年的历史，由于它品质优异、文化内涵丰厚，古往今来，吸引了无数中外游人到此，以一睹其芳容。新中国成立后，特别是改革开放以来，当地茶叶科技人员，经过长期的科研攻关，大红袍母树无性繁殖终于在 20 世纪 80 年代初获得成功。1995 年经福建省科委组织有关专家鉴定，一致认为无性繁殖的大红袍保持了母本优良特征特性，在武夷山特定的生态环境下，可以推广。经过近 40 年的推广，武夷山大红袍茶叶已得到空前的发展，种植面积已达 4 万多亩，产量达 2600 多吨，成为行销国内外并深受广大消费者喜爱的茶品。

2. 市政府决定对大红袍母树实行特别保护和管理

在联合国教科文组织批准的《世界遗产名录》中，大红袍作为古树名木被录入武夷山世界自然遗产（文本第 17 页）；大红袍与遇林亭窑址、御茶园等也被录入武夷山世界文化遗产（文本第 38 页）。九龙窠"大红袍"摩崖石刻被列为省级文物保护对象。根据《中华人民共和国文物保护法》关于"基本建设、旅游建设必须遵守文物保护工作的方针，其活动不得对文物造成损害"的规定，以及《福建省武夷山世界文化与自然遗产保护条例》的精神，为严格保护这一珍贵的世界遗产，落实国家质检总局对武夷岩茶良种茶树提出的保护措施，确保其良好生长，经研究，决定对大红袍母树实行特别保护和管理：一是自 2006 年起，对大红袍母树停止采摘进行留养；二是指定专业技术人员进行科学管理并建立详细的大红袍管护档案；三是保护大红袍母树的生长环境。

3. 保护大红袍母树的意义

（1）自从 2000 年 4 月武夷山申报"世遗"成功后，大红袍母树就作为武夷山世界文化与自然遗产地重要景观资源之一，列入《福建省武夷山世界文化和自然遗产保护条例》中，成为武夷山双世遗的一个组成部分。

（2）把大红袍母树作为古树名木，对其的管理上升了一个层次，能促进其管护管理的规范和科学。

（3）作为人和自然和谐的典范，武夷岩茶优异品质的象征，管理好大红袍母树，以达到永继利用的目的。

（三）拼配大红袍

1. 什么是拼配大红袍

纯种大红袍来自母树大红袍扦插无性繁殖，单独采制加工而成。拼配大红袍是不同于纯种大红袍的一种市场化商品，是为了满足市场对大红袍的需求而把武夷山的不同品种按照一定比例匀堆组合成的一种商品，它有着明显不同于拼配原料的品质特征。

2. 拼配大红袍的起源

大红袍拼配自古有之。生长在九龙窠之上的 6 株母树大红袍并非单一品种，而是来自不同品系，其叶型、发芽期等都不一样，而且采摘期也都不同。每到采摘时期，将它们分 2 至 3 期采制后，再一起精制焙火，最后出来的成品才称为"母树大红袍"。

1985 年，武夷山茶科所科技人员用肉桂、水仙等优质武夷岩茶和纯种大红袍拼配出来的"大红袍"，香气、汤色、口感俱佳，岩韵感极强，很快就得到消费者的认可。到后来，随着科技水平的提高，各个企业又不断提高自主创新能力，各种高品质的拼配大红袍按市场需求如雨后春笋般涌现。如今，拼配大红袍已成为大红袍市场化的重要体现。

3. 拼配的基础及原因

武夷山三十六峰、九十九岩，岩岩有茶。武夷山茶树品种上千种，产量较多的有水仙、肉桂、黄观音、金观音、丹桂、奇兰等。同一个山场的不同名丛有着不同的品质特征，这些为茶叶拼配打下了基础。

正确进行大红袍茶叶审评是拼配大红袍的前提。茶叶审评时，将茶叶分成不同等级（依据特级、一级、二级等划分，每个企业有其不同的品质等级制度）。根据茶叶香气、滋味、条索等因子的差异，将不同茶叶归类。将相近等级相同类别的茶叶相互拼合。如果茶叶审评出现错误，拼配的茶叶极有可能出现品质不升反降的情况，这样将会给企业带来损失。

拼配大红袍的主要原因如下：

第一，拼配大红袍相较于品种茶来说，具有更强的市场适应能力，更利于开发和稳定客户。武夷山茶叶可以被组合成各种不同的口感，迎合不同层次需求的人群。

第二，充分利用茶叶剩余产品。为了避免茶叶剩余所带来的经济损失，生产商将各个种类的茶叶进行合理拼配。

第三，市场激烈的竞争为拼配大红袍的发展提供契机。目前，武夷山茶叶生产企业众多，品牌林立，产品各有特色，造成了企业之间为争夺客户而产生激烈的竞争。拼配技术的成熟，有利于企业有针对性地生产出优质的大红袍产品。由于拼配大红袍产品的原料无从得知，其他企业便无法仿制，从而确立了产品在技术上的垄断，一定程度上使企业在市场竞争中处于优势地位。

4. 拼配方法

（1）鲜叶拼配

由于不同品种的茶叶之间有着不同的外形特征和生理特征，茶树品种杂乱，或管理粗泛的茶园，无法分离出各个品种的茶叶，所以将其混在一起进行加工，这种情况叫作鲜叶拼配。市场上出现的"野茶"便是以这种方式拼配出来的成品。但鲜叶拼配做茶技术困难，所以，很少有人用鲜叶来拼配。

（2）半成品茶拼配

半成品茶指茶叶经过萎凋、做青、杀青、揉捻、干燥、挑拣之后未经过焙火的大红袍茶叶。半成品茶拼配是将不

九龙窠茶园

同品种茶叶的半成品以一定的比例组合，然后经精制焙火过程形成一种具有特殊香气、滋味等特征的大红袍。精制过程中焙火能增进茶叶香气与滋味，使茶叶品质趋于稳定。相同的拼配原料，如果按照不同的拼配比例进行拼配，茶叶的香气、滋味等特征不尽相同。不同的拼配原料所拼配出来的大红袍更是千差万别。

（3）成品茶拼配

成品茶是指经过焙火后，品质相对稳定的大红袍茶叶。成品茶拼配是将不同原料的成品茶按照一定的比例组合成一种具有特殊香气、滋味等特征的大红袍。武夷岩茶种类繁多，各个种类的武夷岩茶都可以作为拼配的原料。将不同类型的武夷岩茶拼配组合，能综合各原料茶叶的品质优点，如武夷水仙香气纯和悠长，有兰花香，滋味醇厚，韵味足；武夷肉桂香气高扬刺激，有桂皮香，滋味浓厚，入口略苦，回甘快。将水仙和肉桂这两个品种作为基本茶，再配以纯种大红袍（或其他优质茶）调和，就能拼配出香气纯和浓郁、滋味醇厚、回甘快的拼配大红袍。

（四）优质大红袍的辨识与选购

优质大红袍外形青褐润亮，条索壮实，桂花香型，饮后口齿留香，滋味浓厚回甘，有岩韵；耐泡，一般可冲泡 7 ～ 8 次，甚至更多；轻火汤色橙黄色，高火汤色暗红色。

大红袍感官品质

项目		级别		
		特级	一级	二级
外形	条索	紧结、壮实，稍扭曲	紧结、壮实	紧结、较壮实
	色泽	带宝色或油润	稍带宝色或油润	油润、红点明显
	整碎	匀整	匀整	较匀整
	净度	洁净	洁净	洁净
内质	香气	锐、浓长或幽、清远	浓长或幽、清远	幽长
	滋味	岩韵明显、醇厚、回味甘爽，杯底有余香	岩韵显、醇厚、回甘快、杯底有余香	岩韵明、较醇厚、回甘、杯底有余香
	汤色	清澈、艳丽，呈深橙黄色	较清澈、艳丽，呈深橙黄色	金黄清澈、明亮
	叶底	软亮匀齐、红边或带朱砂色	较软亮匀齐、红边或带朱砂色	较软亮、较匀齐、红边较显

选购时，要注意有当年新茶和隔年陈茶。由于大红袍独特的焙火工序，当年新茶火气较重。与绿茶、红茶等其他茶类不同，大红袍焙火后成品茶一般在当年七八月才有新茶出来。大红袍隔年陈茶更醇口，当然陈年大红袍要贮藏保管好。选购要优先选择有 QS 标识的厂家或国家、省、市著名商标，最好是产自正岩核心区的品质更好。可将各种级别评茶活动获奖茶叶作为参考。

三、岩茶望族水仙

（一）春季水仙与冬片水仙

岩茶水仙采茶季节一般在 4 月 20 日到 5 月 12 日，此时采制加工的水仙为春季水仙。夏茶、早中秋茶不进行生产，晚秋才采制。晚秋采制的水仙也叫冬片水仙。晚秋采制主要是为了保证水仙醇厚悠长、耐泡的优异品质特征。

水仙感官品质

项目		级别			
		特级	一级	二级	三级
外形	条索	壮结	壮结	壮实	尚壮实
	色泽	油润	尚油润	稍带褐色	褐色
	整碎	匀整	匀整	较匀整	尚匀整
	净度	洁净	洁净	较洁净	尚洁净
内质	香气	浓郁鲜锐、特征明显	清香特征显	尚清纯、特征尚显	特征稍显
	滋味	浓爽鲜锐、品种特征显露、岩韵明显	醇厚、品种特征显、岩韵明	较醇厚、品种特征尚显、岩韵尚明	浓厚、具品种特征
	汤色	金黄清澈	金黄	橙黄稍深	深黄泛红
	叶底	肥嫩软亮、红边鲜艳	肥厚软亮、红边明显	软亮、红边尚显	软亮、红边欠匀

老枞水仙

（二）老枞水仙

老枞水仙的主要产地在武夷山洋庄乡吴三地村，一般指树龄 50 年以上的水仙品种，茶树主要树干长满青苔。加工方法与普通水仙相同，但焙火工艺要特别注意。老枞水仙制成的干茶冲泡品饮有腐木味、棕叶味、青苔味等独特风味。

1. 老枞水仙的主要特征

由于老枞水仙风味独特，深受消费者喜爱，销量一直走好。因而想购买到真的老枞水仙，需要识别老枞水仙。其基本特征如下：它属半乔木型，叶片大而肥厚，叶面平滑，叶脉粗隐，边缘锯齿较深，部分叶背呈现沙粒。老枞水仙干茶条索长，普通水仙和高枞水仙则较短。滋味老枞有枞味，主要有三味：腐木味、棕叶味、青苔味。茶叶泡过以后，把叶底轻轻撕开，可以看到白色的细丝，因为老枞的树龄长、纤维长。

老枞水仙茶树的环境气候优良。老枞水仙的枝干上面布满了青苔。青苔常年生长在湿地、墙上、井中、屋瓦及水中等处；青苔长于清流之下，不受污染。由于在青苔的伴随下生长，使得许多老枞水仙在冲泡时具有青苔味。另外，老枞水仙的树龄在 50 年以上，也使得其茶汤或叶底有着沉淀岁月的木质香。

2. 老枞水仙的火候与"枞味"

老枞水仙、名丛、陈茶各有特色。选购老枞水仙如同购买衣服一样，喜欢的，适合的，才是最好的。

不同火候的茶，如茶汤颜色金黄为清火茶，茶汤颜色橙色为中低火，橙红或深橙红是中足火，颜色酱油色是高火。有些人之前喝铁观音比较多，口味较清淡，那么清火的老枞水仙比较适合；有的喝茶，味道较重，喝茶茶龄长久，可以选择中火或足火的老枞水仙。

老枞水仙不仅茶味有火候轻重之分，本身"枞味"有别，即有腐木味、棕叶味、青苔味三味。

（三）老枞水仙的选购

古时喝茶就有"夏饮绿，冬饮红，一年到头喝乌龙"的说法。老枞水仙属于乌龙茶，乌龙茶是介于绿茶（性凉）和红茶（性温）之间的一个品种，属不寒不热的温性茶类。秋天，天气开始转凉，花木凋落，气候干燥，令人口干舌燥，嘴唇干裂，即中医所讲的"秋燥"。此时，喝上一杯不寒不热，性平和的乌龙茶，会有润肤、润喉、生津、消除体内积热、恢复津液之功效。

老枞水仙的选购、用途有三种：一是用于自己饮用。购买者自己喜欢喝老枞水仙，那么根据自己的喜好选购。二是用于送礼。老枞水仙由于树龄长，价格较普通茶叶贵，作为送礼也是不错的选择。作为送礼茶叶不仅茶叶本身"卖相"重要，即条索完整，色泽均匀，同时，对茶叶礼盒及外包装也要重视。三是用于收藏。老枞水仙也是武夷山岩茶的一种，由于有焙火工序，较其他茶类易于保存，可观赏又可当作调理肠胃的药茶饮用。

茶叶的购买渠道有三种：

武夷老枞水仙

一是农家渠道。购买老枞水仙直接去有老枞水仙茶山的农户家里购买，价格实惠，但是比较麻烦——你要找到农家的具体位置，如果交通不便会造成时间与精力的浪费。

二是茶城店铺。有批发商和零售商铺，有固定的营销地点，对于选购者较方便、快捷，但是价格不一定实惠。

三是电子商务渠道。方便快捷，价格实惠，但是信用度不高。

陈茶水仙

第六篇
岩茶之辨：名丛

岩茶有茶王大红袍，四大名丛铁罗汉、水金龟、白鸡冠、半天妖，以及众多的单丛。

岩茶不像绿茶那样追求喝新茶，主张陈饮；贮藏岩茶要注意存储的条件和保存方法。

一、岩茶主要名丛辨识

1.大红袍

武夷山大红袍被誉为"茶中之王"，居武夷岩茶名丛之首，享誉海内外。大红袍优异品质的形成，离不开得天独厚的地理环境，它生长在武夷山九龙窠岩石峭壁上，这里日照短，多反射光，昼夜温差大，岩顶终年有细泉浸润流滴。

大红袍特征：植株适中，树姿半开张，分枝较密，叶片呈水平形状或稍上斜生着。叶椭圆形，叶色深绿有光泽，叶面微微隆起，叶身稍内折，叶质较厚脆，叶齿较锐较深，叶尖钝尖。芽叶紫红色，茸毛尚多，节间短。制乌龙茶，干茶外形条索紧结、壮实、稍扭曲；色泽褐绿润，带宝色；汤色橙黄至橙红，清澈亮丽；滋味醇厚、回甘，岩韵显，杯底有余香；香气锐浓而悠长，耐泡；叶底软亮匀齐，带砂色或具红绿相间的绿叶红镶边，用手捏有绸缎般的质感。

2. 水仙

水仙是武夷岩茶的一个当家品种。武夷山景区由于其得天独厚的自然环境，促使水仙品质更加优异，如树冠高大叶宽而厚；成茶外形肥壮、紧结，有宝光色；冲泡后含兰花香，浓而醇；汤色深橙，耐冲泡；叶底黄亮朱砂边，为武夷岩茶传统的珍品。

水仙有数百年的栽培历史，目前是武夷岩茶中产量最高、流行最广的品种之一。水仙是大叶型品种，干茶条索粗壮肥硕，闻有悠长芳香，香浓而不腻，淡而幽雅，香醇持久，极为耐泡。根据加工工艺分为轻火、中火、足火等，根据采茶季节分为春茶水仙和冬片水仙两种。因求品质，一般只作春茶，冬茶产量较低。

据说水仙品种原产于福建建阳水吉大湖的祝仙洞，约在光绪年间（1875—1908 年）传入武夷山，至今约有一百多年的栽培历史，是武夷山岩茶栽培面积最多的品种之一，几乎遍布武夷山所有的茶场。但在众多的山场中，以三坑两涧的正岩水仙品质最佳，其次为景区内的水仙，外山茶场的水仙也能制出优良品质。

（1）春茶水仙：从外形上看，水仙易于辨别，其条索肥硕曲长，长短较均匀，有蜻蜓头。色泽呈青黑褐色，乌绿润带宝光。淡者金黄，深者橙黄如琥珀色。味醇鲜软，香气醇厚，入口甘爽且回甘快。叶大肥厚，色泽均匀，绿叶红边。叶底软亮，叶背常现沙粒状（蛤蟆皮）。轻火和中火的水仙不宜长年久放，高足火放置长些。茶性不断变化，时间越长，香气越弱，茶汤仍会醇和。品质变化与贮藏条件相关，密封、干燥保存。

（2）冬片水仙：汤色较浅，通常做成清香型，与春茶水仙相比，味也略薄，香气清鲜。条索肥硕曲长；色泽呈青黑褐色，乌绿润带宝光；色泽均匀，绿叶红边；叶底软亮，叶背常现沙粒状（蛤蟆皮）。

（3）老枞水仙：茶树枝干青苔明显，有"枞味"，即腐木味、棕叶味、青苔味。

3. 肉桂

武夷肉桂，亦称玉桂。由于它的香气滋味似桂皮香，所以在习惯上称"肉桂"。肉桂虽是近年才出名，但长期以来位于武夷名丛之列，历史悠久，早在清代的蒋衡茶歌中就提到它。肉桂产于武夷山境内著名的风景区（另一说原产是在马枕峰），最早是武夷山慧苑坑的一个名丛。20 世纪 40 年代初期，它虽亦引起人们的注意，想进一步鉴定其品质，但由于当时栽培管理不善，树势衰弱，未加以重视和繁育。从 20 世纪 60 年代初期起，由于在单丛采制中对其优异的品质特征有新的认识，武夷肉桂才逐渐开始繁育并扩大栽种面积。通过多次反复的品质鉴定，至 20 世纪 70 年代初才肯定该品种的高产优质的特性，并得到更多茶人的肯定和青睐。现已发展到武夷山的牛栏坑、马头岩、水帘洞、三仰峰、桂林岩、天游岩、仙掌岩、响声岩、百花岩、竹窠、碧石、九龙窠等地，已成为武夷岩茶中的主要品种。其中，牛栏坑肉桂被茶界称为"牛肉"，马头岩的则被称为"马肉"，是知名的正岩岩茶。

肉桂外形条索匀整卷曲，色泽褐绿，油润有光；干茶嗅之有甜香，冲泡后茶汤具桂皮香；入口醇厚回甘，咽后齿颊留香；茶汤橙黄清澈；叶底匀亮，呈淡绿底红镶边；冲泡六七次仍有"岩韵"的肉桂香。

喝过武夷肉桂的人，大都说它"霸气"，桂皮香，香味显。由于产地、加工技术不同，香气也会有些不同。

4. 白鸡冠

白鸡冠是武夷山四大名丛之一，是仅见的发生叶色变化的品种。叶色呈淡绿色，特别是幼叶浅绿而微黄；叶面开展，色素无光；春梢顶芽微弯，茸毫显露似鸡冠；绿叶之上有的带有白色覆轮边，有的叶面上有不规则的白色斑块，

这种叶面颜色的变化，使得白鸡冠更加珍奇。而明朝的一则白鸡冠治恶疾的故事，更使得白鸡冠茶名声大振。

传说明代某知府游历武夷，其子忽染恶疾，腹胀如牛，医药罔效。有一寺僧端一小杯茗，啜之极佳，遂将所余授予其子。问其名，则为白鸡冠也。知府离山赴任，中途子病愈，及悟为茶之功。奏于帝，并向寺僧索少许献于帝。帝尝之大悦，敕寺僧守株，年赐银百两，粟四十石，每年封制以进，遂充御茶，至清亦然。

白鸡冠原产地为隐屏峰蝙蝠洞（在武夷宫、慧苑岩等处亦有）。

武夷山白鸡冠是从武夷菜茶原始的有性群体中，经过反复选择单株，分别采制，鉴定质量，选育出优良单株，再从优良单株中评出的名丛。武夷山白鸡冠制岩茶品质优，条索紧实细长，汤色橙黄明亮，滋味浓醇甘鲜；叶底呈淡黄色，红边艳丽且明显，柔软明亮。

5. 铁罗汉

武夷山铁罗汉为武夷最早之名丛，也是四大名丛之一。相传武夷山慧苑寺一僧人叫积慧，专长铁罗汉叶采制技艺。他所采制的茶叶清香扑鼻、醇厚甘爽，啜入口中，神清目朗，寺庙四邻八方的人都喜欢喝他所制的茶叶。积慧长得黝黑健壮，身体彪大魁梧，像一尊罗汉，乡亲们都称他"铁罗汉"。有一天，他在蜂窠坑的岩壁隙间，发现一株茶树，那

树冠高大挺拔，枝条粗壮呈灰黄色，芽叶毛茸茸又柔软如绵，并散发出一股诱人的清香气。他采下嫩叶带回寺中制成岩茶，请四邻乡亲一起品茶。大家觉得茶泡出来的味道好，很鲜美。于是有人问："这茶叫什么名字？"他答不上来，只好把经过讲出来。大家听了后认为，茶树是他发现的，茶是他制的，此茶就叫"铁罗汉"吧！

相传宋代已有铁罗汉名。清代郭柏苍《闽产录异》载："铁罗汉为武夷宋树名，叶长。"19世纪中叶，传说惠安施集泉茶店的"铁罗汉"最为名贵，据说有疗热病的功效，所以极受欢迎。1943年林馥泉调查记录的武夷山慧苑岩茶树花名表（280个品种）里，排在第一位的就是铁罗汉。

武夷山铁罗汉为无性系，灌木型，属中叶类、中生种，植株相对高大；树姿半开张，分枝较密。叶片水平状着生，叶长约8.1厘米，长椭圆形或椭圆形；叶呈深绿色，有光泽；叶面微隆起，叶缘微波，叶身平，叶尾稍下垂；叶端钝尖，叶齿稍钝浅密，叶质较厚脆。新芽呈黄绿色，有茸毛。武夷山铁罗汉茶树生育能力较强，发芽较密。持嫩性较强，春茶适采期在4月尾，制岩茶，品质优。

武夷山铁罗汉是从武夷菜茶原始的有性群体中，经过反复选择单株，分别采制，鉴定质量，选育出优良单株，再从优良单株中评出的名丛。武夷山铁罗汉干茶条索粗壮、紧结、匀整。色泽绿褐、油润、带宝色，呈蛤蟆背带老霜。汤色清澈艳丽，香气浓郁悠长，滋味浓厚甘鲜。叶底软亮匀齐，红边带朱砂色，肥软，绿叶红镶边。

武夷山铁罗汉以滋味醇厚浓郁、霸气十足的品质著称，立足闽北乌龙几百年长盛不衰。铁罗汉也是为数不多且可以长期存放的岩茶之一，且越老越好。因其有特别的药用功效，在闽南、我国台湾及东南亚一带颇受欢迎，被誉为家乡神茶、乌龙茶之珍品。

6. 水金龟

水金龟干茶色泽绿褐，条索匀整，乌润略带白砂，具有三节色，即一根茶条同时具有青色的柄端、红色的叶边缘和当中黑褐色的叶片，是一款火功不错的岩茶。汤色橙红，晶莹剔透。初闻盖香，便觉一股水蜜桃的香气沁人心脾，口感滑顺甘润，滋味鲜活，令人爽服；三四泡后水蜜桃香减弱而乳香渐显，两种香型相互转化；七八泡后，则完全变为乳香。加工技术不同，水金龟的香型

还会有蜡梅香、兰花香等。叶底非常鲜嫩软亮，红边显。叶鲜嫩，易出乳香，而红边足则说明做青到位。

水金龟独特的品质特征与它的生长环境息息相关。武夷山三面环山，略成向南开口的盆地。气温暖和，冬暖夏凉，年平均温度18℃~18.5℃，无霜期272天，雨量充沛，年雨量2000毫米左右，年平均相对湿度80%左右，日照时间较短。武夷山茶园土壤发育良好，土层深厚、疏松，茂密的植被和风化的岩石为茶树土壤带来丰富的有机质和矿物元素。

武夷山水金龟是从武夷菜茶原始的有性群体中，经过反复选择单株，分别采制，鉴定质量，选育出优良单株，再从优良单株中评出的名丛。武夷山水金龟制岩茶品质优，色泽绿褐润，香气高爽，似蜡梅花香，滋味浓醇甘爽，"岩韵"显。

7. 半天妖

原产于武夷山三花峰之第三峰绝对崖上，故称为半天妖。20世纪80年代后扩大栽培。目前，主要分布在武夷山内山之中。

从外形上看，半天妖条索紧结，干茶色泽青褐。汤色呈黄、略偏红色。香气高爽，滋味浓醇甘鲜、有水中香。叶底软亮，红边明显，呈三红七绿。

半天妖的特征在武夷山岩茶的名丛里不明显，它既无铁罗汉的厚重，也无白鸡冠的柔媚，更没有水金龟的珍奇。

8. 石乳

最古老的传统名丛之一，原产于武夷山的慧苑岩、大坑口一带的名岩区。条索粗大紧结，色泽呈三节色。汤色透亮，呈琥珀色。滋味醇厚，润滑稠口。香气清纯悠长，花果香，岩韵明显。叶底柔软舒展，绿叶红边。

石乳是以香型而命名的茶树品种，因为香气较高，且香中带有岩石上的青苔味，所以又叫"石乳香"。石乳不仅香气较高，滋味悠长，显水中香，而且极为耐泡，是岩茶中极为难得的好茶。

9. 不知春

不知春，学名"武夷雀舌"，属于小叶种，岩茶鲜叶采摘在5月中旬，生产季节较晚。不知春是武夷岩茶香气最佳的品种之一，它集各大名丛之香气，又有水仙的厚重。武夷山只有少量生产。它的茶树及叶片相对其他岩茶名丛小，产量也较低。

不知春干茶，条索紧结，色泽黑褐、

油润、起霜，均匀完整，干香有一种淡淡的栗子香。汤色橙黄透亮、清澈无瑕；茶汤入口，有淡淡的茅草干香，口味醇厚绵长；咽后，齿缝间有丰满的荸荠味，香味盈口。叶底匀整齿密，绿叶红点明。此茶需一个月内焙好，正岩茶采一季，用木炭微火慢焙。

10. 矮脚乌龙

矮脚乌龙有百年以上的栽培历史，原产于福建北苑贡茶基地的建瓯，现产于东峰镇百年矮脚乌龙茶种植园。此茶外形条索紧细、重实，叶端扭曲；色泽褐绿润（乌润）；内质香气清高幽长，似蜜桃香；滋味古朴醇厚；汤色清澈，呈金黄色，耐冲泡。矮脚乌龙有个特点，除本身宜单独泡茶外，还非常适合作拼配茶原料；拼配时不夺其他茶香。

11. 黄观音

黄观音是由福建省农科院茶叶研究所于1977—1997年间，采用杂交育种法，从铁观音和黄旦的人工杂交一代中，通过单株选种培育而成的。干茶色泽青中带乌褐，条索较长；滋味纯细甘鲜；香气优雅清芬，且细腻悠长，有黄金桂"透天香"的特征；叶底绿叶红边，柔亮明显。

12. 金观音

金观音为中叶类，早生种。树姿半开张，分枝较多，发芽密度大且整齐。

叶色深绿，芽叶色泽紫红，嫩梢肥壮，叶质尚柔软，持嫩性较强，产量高。扦插和种植成活率高，抗逆性强，适应性广，制优率高。制成乌龙茶香气馥郁鲜爽，滋味醇厚回甘，适宜在乌龙茶区推广种植。它以"形重如铁、美似观音"的品质特征而享誉海内外。

13. 白瑞香

白瑞香原产于武夷山慧苑坑。其干茶条索紧细匀齐，色泽青乌，干香较浓郁。茶汤橙黄秀润，滋味醇厚似棕叶香味，香气高强，回甘强烈，饮后口齿留香，岩韵明显。叶底绿叶红镶边，足火的叶背起蛤蟆皮状的纹路。通常采用中足火焙制，宜久泡而不容易苦涩，的确是难得的佳茗。白瑞香属于高香型品种。

14. 丹桂

丹桂是奇丹和肉桂杂交的后代，为无性系、灌木类、中叶类。叶形呈椭圆形，叶色深绿，有光泽，叶面平，叶缘微波，叶尖渐尖，叶齿钝浅较密，叶质较厚软，芽叶黄绿色。

干茶色泽褐润，香气馥郁高长，滋味醇厚甘鲜，汤色橙黄。叶底较透亮，红边较艳丽，叶片整张度好。

丹桂以香高、耐泡见长，带花香，且七泡有余香。

15. 金钥匙

金钥匙原产于武夷山武夷宫山前村，

已有近百年的栽培历史，主要分布在九曲溪沿岸。干茶条索润泽，色褐青，汤色橙黄。口感鲜爽，滋味醇厚，回甘快。叶底青红对比明显。

16. 金柳条

金柳条其干茶条索紧结细长，色泽乌褐；汤色橙黄明亮，滋味鲜醇甘爽，香气清雅，回甘怡人，韵味悠长；叶底软亮，绿叶红边。通常以中火烘焙，闻干茶有较轻的花果香，火功香与花香各半。沸水冲泡时，即有细细的奶油香与茶果香逸出，口感滑顺甘爽，不苦不涩，七八泡有余香。

17. 武夷奇种

武夷奇种是武夷岩茶中最早的品种之一，又名菜茶，是指原产地武夷山原野生茶的混生种，是武夷山野生的中小叶种有性群体。干茶外形紧结匀整，色泽铁青带褐，较油润。汤色橙黄，叶底杂欠匀整。带有典型的武夷山本地香味。

二、岩茶的陈放与优劣鉴别

1. 岩茶的陈放与"陈饮"

武夷岩茶是半发酵茶。在加工过程中，岩茶还多了一道特殊的制作工艺——焙火。传统的岩茶火功高，焙好后立即饮用的话，火气未除会有燥感，所以一般要存放一段时间后再饮，这样滋味会更醇和。经过焙火的茶叶不但品质稳定，还可以长时间存放，尤其是经过五年、十年甚至更久的陈放以后，口味会变得更加醇和丰富。制茶的人家以拥有陈年茶为荣。当然，并不是所有的武夷岩茶都适合陈放，必须是乔木或半乔木型茶，才适合长久地陈放。

武夷岩茶"陈饮"的习俗自古有之，明崇祯进士周亮工《闽茶曲》云："雨前虽好但嫌新，火气未除莫接唇。藏得深红三倍价，家家卖弄隔年陈。"说明当时的武夷茶就已经是"以陈为贵"了，同时诗的前两句又为我们道出了喝陈茶的缘由。传统武夷岩茶（大红袍）的制作工艺非常复杂，犹以炖火技术为最。炖火即用炭火低温久烘，以火调香，以火调味，以达到熟化香气、增进汤色、提高耐泡之目的。长达几小时的低温久烘全凭制茶人的感官判断，通过视觉与手感不停调整，控制烘焙中各时段的温度，难怪清代梁章钜感叹"武夷焙法实甲天下"。随着火气的渐渐退去，武夷岩茶本质的各种芬芳物质就显露出来，此时的茶叶芳香四溢、柔顺甘甜，甚至会感觉完全是另外一泡茶了，这也是岩茶不像绿茶那样追求喝新茶的缘由之一。

2.岩茶陈放须具备的条件

陈年岩茶虽好，但用以陈放的岩茶必须具备以下三个条件：

一必须是传统工艺制作的茶。即每一道工序都必须严格按照传统工序标准去做，特别是焙火要焙透焙足。因为经过炖火（低温久烘）后，能起到提高香气、熟化香气并巩固茶叶品质的作用，这样的茶耐储存不易变味。而清香型的武夷岩茶由于轻发酵轻焙火，虽然香气很好，但存放时间久了会出现"返青"的现象，原有的香气变成青涩的陈味，因此不宜久存，宜当年内喝为好。

二是品质较好的茶才有存放价值。品质好的茶内涵丰富，口感厚重，经过存放会更醇和，层次感强；而差的茶本身香气滋味就淡薄，甚至粗杂，随着时间推移，并不能完全改变它粗杂的本质。所以品质差的茶即使存放年头再久也意义不大。

三是需要正确的存储方式。陈年岩茶存储方式相当讲究。首先要挑选优质的精制茶密封储藏。在武夷山，一般从第二年起，年年焙火后再密封储存（也有根据不同情况两三年一复焙的），以去除其水分及表面的杂味，五年后则隔年焙火，二十年后不复焙火。在阴凉、通风、干燥、无异味的环境下密封保存即可。如有条件，每次焙火后最好用内膜两层的木箱装箱以蜡封口，再放入米仓内储存。如果在北方较干燥的地方存放，则完全可以不复焙（密封得当的情况下），这样存放的陈年岩茶会更具风韵。

3.陈年岩茶的药理作用

陈年岩茶除了口感极好外，还具有一定的药理作用。古人云："陈年岩茶贵似金。"保存好的陈茶年数久长，具有一定药用价值。武夷山当地农家将陈茶岩茶存在家中作为药用，以备不时之需。陈茶功效有：暖胃祛寒，消食减肥，明目安神，活血通络祛邪气。饮后会出现打嗝通气，全身发热出微汗等生理反应。品饮陈年岩茶，感觉就像在与一位长者智者会话，波澜不惊却让人心灵通透。

4.如何鉴别陈年岩茶的优劣

陈年岩茶上品者，条索乌褐紧结，饮之有木香及陈香。汤色红艳透亮犹如陈年红酒一般。细看茶汤表面聚有一层白雾，久不散去。宛若一位亭亭玉立的白衣少女翩翩起舞，婀娜多姿，美不胜收。茶汤入口顺滑绵柔，醇厚甘甜，青涩味全无。饮后润滑生津，舌如泉涌，极为舒服。老茶耐泡度极高，泡至二十多泡仍有余味，且越泡越甘甜。叶底厚实乌亮，如果卷曲抱团，舒展不开，则很可能是十几年以上的茶，更是难得。

如果想购买到纯正的老茶，最好选择品牌茶企及市场声誉好的茶商购买。通常有以下几个方法鉴别：

（1）外观：真正老茶会转成褐色甚

至深褐色或黑色，颜色自然，闻起来带有一股陈年味，有些会有点像普洱茶味。

（2）含水量：只要用手指捏一捏，就能很简单地鉴别新陈茶。新茶一般含水量较低，在正常情况下含水约7%，茶叶条索疏松，质硬而脆，用手指轻轻一捏，即成粉末状。陈茶因存放时间久长，经久吸湿，一般含水量都比较高，茶叶湿软而重，用手指捏不成粉末状，茶梗也不易折断。

（3）茶汤：年代久远的茶，冲泡后茶叶展不开，有些会呈木化现象。如果乌黑油亮的，通常是炭烤出的"新鲜老茶"，并非真正老茶。陈茶茶汤呈琥珀色，甚至颜色更深。

（4）滋味和香气：老茶浓醇甘润，略带一点微酸，带有陈香。真正的老茶不用炭烤，因为炭烤茶喝了会上火，故老茶不应带有炭味。老茶经过长期的自然发酵，入口滑顺自然，甘甜无刺激性，温润耐泡。

（5）叶底：优质陈年岩茶的叶底较新茶而言，色泽偏黑红，叶质较为硬挺。

（6）保存：陈茶开封不久后，如果茶汤变酸，这是陈茶的活性与空气接触而发生的化学反应，几周后便会恢复原有的香醇口感，这才是真正的陈年"活老茶"。但在保存时应遵循密封、避光、避潮、避高温等原则。

三、如何辨识岩韵

（一）岩韵是什么

民国福建示范茶厂林馥泉茶师在《武夷茶叶之生产制造及运销》一文中，将"岩韵"描述为"山骨""喉韵"及"臻山川精英秀气所钟，品具岩骨花香之胜"，即由"山骨""岩骨"衍化升华而来。

"岩韵"是指乌龙茶优良品种，生长在武夷山丹霞地貌内，经武夷岩茶传统栽培制作工艺加工而形成的茶叶香气和滋味。"岩韵"就是岩茶"岩骨花香"之中所指的"岩骨"，俗称"岩石味"，是一种味感特别醇而厚、能长留舌本（口腔）、回味持久深长的感觉。喉韵明显，"水中有骨感"就是这个意思。

岩韵是武夷岩茶独有的特征。岩韵的有无取决于茶树生长环境，岩韵的强弱受到茶树品种、栽培管理和制作工艺的影响。因此，同等条件下，不同的茶树品种，岩韵强弱不同；非岩茶制作工艺加工则体现不出岩韵；精制焙火是提升岩韵的重要工序。

（二）岩韵是武夷岩茶的独特风格

武夷岩茶的"岩韵"，表述众说不一，有的说它有品种香，有的说它是地土香，有的说它具有风土香，有的说它具"香清甘活"，有的说是石头味，有的说是棕叶香，有的说是青苔味，有的说是"杯底香"，等等。

武夷岩茶"岩韵"是通过口鼻感官体味出来的，并非虚无缥缈的东西。在武夷山茶乡，自古以来茶农就用"岩味"厚薄来区分岩茶的优次。经专家、文人上升为"岩韵"后，就出现了各种版本的诠释。

如今在不少名茶中，也嵌上了"韵"字，如安溪铁观音之"音韵"，普洱茶之"陈韵"，潮安凤凰水仙之"山韵"，台湾冻顶乌龙之"喉韵"，岭头单丛之"蜜韵"，黄山毛峰之"冷韵"，西湖龙井之"雅韵"，等等。这些茶韵都有其内涵，只是有的易于感觉，有的难于言表而已。

"岩韵"是武夷岩茶的独特风格。武夷岩茶生长在独特地域：一是界定了生长在武夷山内；二是此范围内自然环境独特；三是武夷岩茶是个总称，包含了多个品种。

武夷山茶农、茶人评论武夷岩茶的感觉有："不轻飘""有东西""有骨头""厚重""长久""齿颊生香""过喉润滑"等朴实的表达。"茶界泰斗"张天福归纳是"由于武夷山独特的自然环境的熏陶，遂使岩茶品具特殊的'岩骨花香'的'岩韵'"。

武夷山茶界前辈林馥泉、陈书省、叶先顺、姚月明等及茶农，认为武夷岩茶特征如下：岩茶，形似乌龙，条索紧实；色呈褐绿，火功高者乌润；香气清正幽远，以具花香、果香为佳，杯底香显；茶水色泽清澈鲜丽，多为橙黄，也有金黄；滋味醇厚芬芳，略有苦涩，入口后很快甘甜，齿颊留香，过喉润滑，滞留长久。岩茶品质优次，主要取决于茶水滋味；泡饮，要"七八泡后有余味"，水色淡而味犹存；叶底软亮，有红边或红点，即"绿叶红镶边"。武夷岩茶重在吃水，以味取香，因此品评时应以茶水为主。

（三）岩韵的显著特征

武夷岩茶的"岩韵"归纳总结为"香、清、甘、活"四个字：

香：武夷岩茶的香包括真香、兰香、清香、纯香。表里如一，曰纯香；不生不熟，曰清香；火候停均，曰兰香；雨前神具，曰真香。这四种香绝妙地融合在一起，使得茶香清纯辛锐，幽雅文气香高持久。

清：指的是汤色清澈艳亮，茶味清纯顺口，回甘清甜持久，茶香清纯无杂，没有任何异味。香而不清是武夷岩茶的凡品。

甘：指茶汤鲜醇可口，滋味醇厚，回味甘饴。香而不甘的茶为"苦茗"。

活：指的是品饮武夷岩茶时特有的心灵感受，这种感受在"啜英咀华"时须从"舌本辨之"，并注意"厚韵""嘴底""杯底留香"等。

一般的岩茶都可体现"香"，等而上之才体现"清"，再上之才表现出"甘"，最佳者才表现为"活"。所以真正好的武夷岩茶应该是以"活"为上。正因为武夷岩茶具有"活、甘、清、香"，妙不可言的"岩韵"，所以蜚声四海，誉满九州，令古往今来的茶人爱得如醉如痴。

（四）岩韵的形成原因

1."岩韵"与立地环境有关

武夷山茶区为丹霞地貌，地形复杂错综，岩谷陡崖；植被遮阴条件好，谷底渗水细流，云雾多；夏季日照短，冬挡冷风，形成各个独特小气候环境。

2."岩韵"与品种、树龄有关

岩茶采自优良茶树品种和武夷山本地名丛。对"三坑两涧"等地采下的鲜叶进行加工，发现幼龄茶尤其是水仙，其香气容易做出，但韵不明显。20年树龄以上的茶树，采制的茶不仅香气高，且岩韵十分明显。

3."岩韵"与武夷耕作法有关

武夷山岩茶区大部分利用幽谷、深坑、岩隙、山坳和部分缓坡山地，采用武夷耕作法。

4."岩韵"与加工技术有关

武夷岩茶加工工艺独特。做青时，采取"两晒两凉"，重轻结合，看青做青；双炒双揉，去沤提香，成条为主；初焙、复焙，熟化香气，色味俱全，是"岩韵"形成的重要手段之一。

四、武夷岩茶的储藏

（一）存放条件

影响茶叶品质的环境条件包括水分、温度、氧气和光线等。目前，武夷岩茶的包装多数采用复合薄膜。复合薄膜有比较强的气体阻隔性，能防止水蒸气的入侵和茶叶香气外溢。

大批量储存武夷岩茶一般采用库存法。尽量保持库房较低的温度和湿度，以防茶叶变质。由于茶叶容易吸收异味，家庭保存一般采用罐藏袋藏。家庭可以用废旧的热水壶储存，效果非常好。尽量密封，以隔绝茶叶和空气分水接触。一般保质期为2～3年。

武夷岩茶分清香型和浓香型。清香型茶不适合长期储藏，浓香型则适合长期储藏。清香型茶轻发酵、低火功，香气容易发散，久而无味；浓香型茶则相反，发酵重，火功足，往往要存放一年后方可饮用，存放久了反而将香气沉淀。

市场上销售的小袋包装武夷岩茶，一般茶的重量都在 7～8 克，大多采用塑料袋包装；每次喝茶取一小包即可，看似很方便，但这不是存储武夷岩茶的好方法。武夷岩茶最好用锡箔袋或有锡箔层的牛皮纸包装袋，量也不宜过多，100 克左右为宜；将茶尽量挤紧压实，放入木质、铁质、锡质的容器内储藏。

存放武夷岩茶选择避光、防潮、不通风和无异味的地方为好。如将武夷岩茶放在抽屉中，存取都比较方便；但要注意的是，人造板的橱柜，时时刻刻都在释放有害物质，就不大适合武夷岩茶的存放。

武夷岩茶爱吸异味，更怕潮湿、高温和光照。烘烤加工的武夷岩茶成品茶极为干燥，用手指轻轻一捻即碎。茶叶贮藏的最佳温度为 0℃～10℃。

光照加速茶叶的氧化作用，不可将茶叶放于透明玻璃和塑料容器内贮存，更不宜在阳光下晾晒。

茶叶安全储藏水分为 6%～8%。由于空气湿度大，新加工的茶叶经包装、运输转手，尽管外面套了塑料袋，也难免袋破漏风有潮气。因此，新茶贮藏都要有一个"再干燥"的过程。

（二）具体保存方法

一是石灰缸贮藏法：将包好的茶叶沿缸壁依次排放，中间放生石灰袋（茶叶与石灰比例为 5∶1），之后将缸口密封。由于石灰易风化松散，要及时更换，贮后 1～2 个月换一次，以后 3～4 个月换一次。此法能长久地保持茶叶优良的自然品质。

二是玻璃袋贮藏法：将干燥好的茶叶装进瓶后，密封瓶口，茶叶可长时间香味不变。

三是塑料袋贮藏法：取两只无毒无味无孔隙的塑料食品袋，将干燥的茶叶用软白纸包好后装入其中一只内，并轻轻挤压，以排出空气，然后用细软绳扎紧袋口，再将另一只塑料袋反套在第一只外，同样挤出空气扎紧，并放入没有气味的木箱里；需要时，再一袋一袋取出。

四是罐听贮藏法：用马口铁听或锡罐贮藏。将茶叶置于铁听或锡罐中后，放在阴凉处，不能放在阳光直射下和潮湿处或有热源的地方。

五是瓷坛贮藏法：先将瓦坛或陶坛、瓷坛洗净，将茶叶用牛皮纸包好，置于坛中；在瓦坛中再放置一袋石灰（石灰袋不能包得太实，否则石灰吸足水分膨胀后，布袋会裂开），用棉花团将坛口盖住，每隔 1～2 个月换一次石灰。石灰块吸湿性强，能使茶叶保持干燥，延缓变质。或将茶叶装至离坛口边约 10 厘米，茶面用白纸覆盖，上放一小块木炭，以便吸收水分。

六是热水瓶贮藏法：将热水瓶水倒

干净，即使内壁有垢迹或断了底部真空气孔的（也就是坏了的）热水瓶也可以，然后将茶叶放进去，把瓶塞盖紧。由于热水瓶胆中间的真空和壁上镀有反射系数较高的镀层，保湿和避光效果较好，因此家庭采用此法贮藏茶叶，既方便又实惠。

七是冰箱冷藏法：将经石灰再干燥后的茶叶分装在有色（棕黑色为佳）的大口玻璃瓶内（500克或1000克装的瓶均可），瓶口盖紧密封，然后放进冰箱的冷藏室。用时从冰箱里取出，将瓶盖启封，拿出所需数量，剩余部分的茶叶仍将瓶口封实，重新放回冰箱。采用此法保管的茶叶，即使隔一年，仍可与当年的新茶媲美。

八是充氮保存：把茶叶装入塑料复合袋，充入氮气后，密封袋口，放在避光的地方，如放在低温处，效果更好。只是充氮对许多人来说，在客观条件下难以办到。

第七篇
岩茶之享

岩茶功能成分丰富，特色茶饮、茶餐、茶点繁多。常饮岩茶、常吃岩茶食品，有利于人体健康，陶冶情操。

有营养价值，又有药理作用。当然，武夷岩茶虽对人体具有保健和药用价值功能，但不可能起到完全治疗疾病的作用，不可过度夸大其药用价值。

一、岩茶与健康

岩茶之所以受到人们的欢迎和喜好，除了它是一种饮料外，还因为它对人体能起一定的保健功效和有利于健康的作用。宋代诗人苏轼诗云："何须魏帝一丸药，且尽卢仝七碗茶。"可见，古人十分肯定茶叶的药用价值。现代生物化学和医学研究充分证明，在茶叶的化学成分中，有机化合物有 450 种以上，无机矿物营养元素不少于 15 种。茶叶对人体既

（一）消除疲劳，提神益思

岩茶里含有的咖啡碱，有刺激中枢神经，振奋精神的作用。当工作困倦、精神萎靡时，饮茶一杯可使人精神焕发，头脑清醒。华佗《食论》中有"苦荼久食，益意思"。《神农本草》有"茶味苦，饮之使人益思，少卧"的论述。

（二）消食除腻，止渴生津

盛夏酷暑，饮上岩茶一杯，你定会

感到满口生津，全身凉爽。这是因为茶汤中的化学成分多酚类、糖类、果胶、氨基酸与口中涎液发生了化学反应，使口腔得以滋润，产生清凉的感觉。此外，咖啡碱从内部控制体温中枢，调节体温，并刺激肾脏，促进排泄，从而使体内大量热量和污物得以排除，促进新陈代谢，以取得新的生理平衡。

岩茶对口腔有卫生清洁的作用。每天起床后，有时感到口干舌苦，有异味，这时喝一杯岩茶，可除去口中黏液，消除口臭，增进食欲。古人言："清晨一杯茶，饿死卖药人。"说明喝早茶有益身心健康。咖啡碱兴奋中枢神经系统，促进胃液的分泌，进而促进食物的消化。茶叶中的芳香物质溶解脂肪，起帮助消化和消除口中腥膻的作用，而且芳香物质还能给人以兴奋和愉快的感觉，提高胃液分泌，促进蛋白质、脂肪的消耗。

（三）利尿排毒，杀菌消炎

岩茶中的多酚类物质，能使蛋白质凝固沉淀。茶多酚与单细胞的细菌结合，能凝固蛋白质，杀死细菌。如危害严重的霍乱菌、伤寒杆菌、大肠杆菌等，放在浓茶中浸泡几分钟，多数就会失去活性。因此，武夷山民间常用浓茶治疗细菌性痢疾，或用来敷涂伤口，消炎解毒，促使伤口愈合。现在仍有以茶为原料制成的治疗痢疾、感冒的成药，疗效也比较好。茶还有醒酒戒烟的作用。当饮烈性酒以后，恶心呕吐、神志恍惚时，如果喝几杯浓茶，借茶中的多酚类和咖啡

碱中和酒精，就可以使酒精有毒物质通过小便及时排出体外，解除毒害，得以醒酒。烟草中的尼古丁是一种具有毒性的生物碱，连续吸烟，尼古丁随着烟雾进入人体，当含量达到一定程度时，便产生中毒现象，全身感到不适。这时如饮用几杯岩茶，就可能依靠茶咖啡碱的抗制作用而使毒性得到解除。在生活中，有的人往往一边吸烟一边喝茶，这样就不易产生中毒现象。

（四）补充营养，增强体质

现代化学分析确认，岩茶中含有多种维生素，主要有维生素 A、维生素 B_1、维生素 B_2、烟碱酸、泛酸、维生素 C 等。

这些微量的维生素是人体不可缺少的营养物质。如维生素 C，既是人体不能自然合成的物质，又是生成结缔组织的必要成分，它能维持牙齿、骨骼、血管、肌肉的正常生理机能；人体中如缺少维生素 C，就会患坏血病，或者齿龈出血，毛细血管脆弱，皮下出血等。维生素 D 与维生素 C 有重要的协同作用，能帮助机体对维生素 C 的吸收。茶多酚中的茶素也具有维生素 D 的作用，能增强血管弹性和血管壁的渗透能力，预防动脉硬化和中风。泛酸有润肤的作用。此外，茶叶含有多种矿物质，特别是其他食物中少有的微量元素，如铜、氟、镁、钼、铝等，它们对人体有一定的营养价值和药理作用。铜、铁含量虽然不多，但由于这两种成分具有生血功能，所以在防治缺铁性贫血方面有一定效果。

岩茶中含有碘和氟化物，碘有防止甲状腺功能亢进的作用，氟化物是人体骨骼、牙齿、毛发、指甲的构成成分。而在我们的饮食中，含氟量也很低。这样，适当饮茶，就会补充身体营养的不足，尤其能提高牙齿的抗酸能力。

（五）减肥健美，强心健体

武夷岩茶有减肥健美和抗类脂化合物，以及防治心血管病的作用。坚持每天喝岩茶，血脂含量会有所下降，体内胆固醇含量也会有所下降。因此，岩茶对于解除过度肥胖者的后顾之忧，以及对高血压和心血管病患者都有一定的保健作用。

某些研究已表明，茶叶中的某种物质通过血液循环，可以抑制人体的癌细胞扩散，并起预防癌症作用。有人认为，武夷岩茶可制成一种防辐射的药物，不过需要进一步研究。

（六）科学饮茶，有利健康

茶叶虽然有上述所说的种种功效，但要合理科学饮用，如饮用不当，或过多地饮用浓茶，也会影响身体，这一点必须十分注意；否则，就会适得其反。

饮武夷岩茶是很讲究的，这是因为，饮茶既有益，品饮不当也有害，利害得失，全在是否合理得法。所谓合理饮茶，就是最有效地发挥饮茶对人体的有益作用，避其不利的一面。饮茶因脑力劳动与体力劳动、体质强弱、工作条件和茶类等不同而异。饮茶不仅应适味适量，符合身体的需要，还要研究冲泡方法，现泡现饮。茶泡好之后仅饮一口或不饮，会造成茶叶的浪费；浸泡过时，化学成分起了变化，微量元素也浸泡出来，不仅色香味变质，而且不利于健康的物质（如锌、铜、铬、氟等）累积超过卫生标准，对人们的身体是有害的。在夏天，由于茶汤已经变色，甚至发馊，变成深褐色，像这样的茶，从健康角度看，也是不够卫生的。

饮茶有益于健康，不是说饮茶越多越好。我国中医学研究证明，人体脾胃虚弱，饮茶不利；脾胃强壮，饮茶有利。切记不可用茶水服药，服药前后，尽量少喝茶。在空腹、饭前饮茶是不利的，会冲淡胃酸，妨碍消化，最好是在饭后半小时后饮茶。茶中含有咖啡碱，饮茶有刺激中枢神经的作用，饮茶易失眠的道理即在于此。人们在睡眠前不宜多喝茶，尤其不能喝浓茶，否则会造成失眠。

茶叶主要有效成分及其医疗保健功效

有效成分	主要医疗保健功效	备注
茶多酚类（包括茶黄素类）	抗氧化、消除自由基、抗癌、杀菌抗病毒、抗衰老、美容、调节血压、抗辐射、降血脂、降血糖、增强免疫力等功能	主要包括儿茶素及其氧化产物，可用作医药、保健品、食品添加物等
茶氨酸	增强记忆、消除疲劳、放松和镇静神经、抗癌、提高免疫力、抗衰老、抗辐射、降血脂、调节血压等	可用作食品添加物、医药、保健品等
咖啡碱	抗癌、降血脂、兴奋大脑中枢神经、强心、利尿等	咖啡碱的作用因人而异，注意合理饮茶
维生素	维持人体新陈代谢，是人体营养及保健的必需成分	维生素A、D、C、B₁、B₂、E等，以维生素C和B族维生素的含量最多
矿物质	氟能预防老年骨质疏松；硒能增强抵抗力、抑制癌细胞；锌提升智力与抗病力；铁与铜促进血红蛋白的构成	磷、钾含量最高，其次为钙、镁、铁、氟、硒等，大多数对人体有益，在茶叶中的含量高于其他植物

二、岩茶冲泡品饮

武夷岩茶属乌龙茶，适合盖碗和紫砂壶冲泡。白瓷盖碗传热性好，泡武夷岩茶最能表现其茶汤本色，有不加掩饰的效果；而紫砂壶里外都不施釉，保持微小的气孔，透气性能好，但又不透水，并具有较强的吸附力，这是一般茶壶所不能比拟的。紫砂壶能保持茶叶中的芳香。另外，由于紫砂壶壶壁内部存在着许多小气泡，气泡里又充满着不流动的空气，空气是热的不良导体，故紫砂壶

有较好的保温性能。

不同种类的茶叶都有各自最适合的冲泡方法。武夷岩茶的冲泡主要有生活泡法、审评泡法、茶艺泡法。

（一）武夷岩茶的生活泡法

武夷岩茶的冲泡，别具一格。"杯小如胡桃，壶小如香橼（yuán），每斟无一两。上口不忍遽咽，先嗅其香，再试其味，徐徐咀嚼而体贴之。"开汤第二泡，才显露。茶汤的气自口吸入，从咽喉经鼻孔呼出，连续三次，所谓"三口气"，即可鉴别岩茶上品的气。更有上者"七泡有余香"。武夷岩茶香气馥郁，胜似兰花而深沉持久，滋味浓醇清活，生津回甘，虽浓饮而不见苦涩。茶条壮结、匀

整，色泽青褐润亮呈"宝光"。叶面呈蛙皮状沙粒白点，俗称"蛤蟆背"。泡汤后叶底"绿叶镶红边"，呈三分红七分绿。

1. 茶具

泡茶所使用的器具以紫砂和白瓷为好，其中，以白瓷盖碗最为实用，价廉物美易清洗。容器大小以 110 毫升最为理想，适合独饮或与二三好友共品。

2. 择水

选用饮水机或选购一个净水系统。泡茶频率不是很高的茶友可以将净化物放入随手泡或暖水瓶中，以弥补身处都市的茶友喝茶用水的问题。

3. 投茶量

投茶量与个人的口感有关，不好一概而论。首次投茶量可先按茶与水的比例为 1:20 操作，即 110 毫升的盖碗里放 5～10 克岩茶，然后根据口感作相应的调整，找出最适合自己的投茶量。

4. 水温

岩茶的冲泡温度要达到 100℃。如果是用随手泡，可以开到手动挡，水沸再冲泡。水温对岩茶的影响最大。

5. 冲泡技巧

岩茶的冲泡讲究的是高冲水低斟茶，目的是为了让所投的岩茶充分浸泡。每泡茶出水一定要透彻，否则留下的茶汤会影响下一泡的茶汤。

6. 浸泡时间

头泡洗茶的出水要快，这一泡的浸泡时间不宜超过 10 秒，5 秒内出水为佳，不然会对岩茶香气的表现产生不良的影响。不同品种的岩茶浸泡时间不同，通常清香型岩茶不适合长时间地浸泡，一般前四泡的浸泡时间不宜超过 30 秒；熟香型岩茶的浸泡时间可以略长一些，但也不要超过 60 秒为好。这里所说的是日常生活的冲泡时间，与审评时的要求不同，请勿套用。

武夷岩茶的冲泡，第一泡注水毕，可轻放杯盖；第二泡后，可用杯盖轻压茶面，以催促茶汤"出味"。只是这种泡法，必须是熟稔盖杯者，才能泡得顺手，才能泡出岩韵。同时间，把盖杯传给茶友闻香，闻时应有两段闻法：初闻茶，再闻韵。勤加练习闻茶香，熟能生巧，一闻就知道其茶种的制法及烘焙火度，这也是泡茶的基本功。使用盖杯泡茶，在泡完最后一泡时，应闻茶渣。武夷岩

茶茶渣的叶形、叶面亮度,都关系到茶质。不妨多多嗅闻,在余香和水味两者之间,找出对味关系。好的岩茶渣冷却后,仍会散出冷香,就像空谷飘来的凉意,令闻茶者心凉脾开;反之,焙火重的,若不是岩茶而是洲茶,冷香不足,有时水味会压过香味。

(二)武夷岩茶的审评泡法

分干评外形和湿评内质。使用110毫升钟形杯和审评碗。冲泡用茶量为5克,茶与水比例为1:22。审评顺序:外形→香气→汤色→滋味→叶底。先烫热杯碗,称茶5克,置110毫升钟形杯中;注入沸水,旋即用杯盖刮去液面之泡沫,加盖;1分钟后揭盖嗅其盖香,评茶之香气;2分钟后将茶倒入碗中,评其汤色和滋味,并嗅其茶香。再注满沸水冲泡第二次,2分钟后,揭盖嗅其香,对照第一次盖香的浓度与持久度;3分钟后,将茶汤倒入碗中,再评汤色和滋味,并嗅其叶底香气。接着第三次注入沸水,3分钟后嗅其盖香,5分钟后将茶汤倒入碗中,评其汤色滋味和叶底香气。最后将叶底倒入叶底盘或杯盖中评其叶底,并用清水漂洗,评其叶底老嫩软硬和色泽是否具有绿叶红镶边的特质。

岩茶审评以内质香气和滋味为主,其次才是外形和叶底,汤色仅作参考。评香气主要是分辨香型、细粗、锐钝、高低、长短等。以花香或果香细锐、高长的为优,粗钝、低短的为次。汤色有深浅、明暗、清浊之别。以橙黄清澈的为好,橙红带浊的为差。滋味以浓厚、浓醇、鲜爽回甘者为优,粗淡、粗涩者为次。叶底比厚薄、软硬、匀整、色泽、做青程度等,叶张完整、柔软、厚实、色泽明亮的为好,叶底单薄、粗硬、红点暗红的为差。

(三)武夷岩茶的茶艺泡法

武夷岩茶的茶艺泡法详见第八篇。

三、特色茶饮、茶餐、茶点

茶叶中含有大量的保健成分、特殊营养成分和大量矿物质元素，这使它成为一种很好的食品添加物，被广泛运用到饮料、菜肴及各种点心中。

（一）特色茶饮

特色茶饮是继碳酸饮料、果汁饮料之后最受欢迎的饮品。每种茶的创意加上茶与生俱来的文化，喝起来总能给人意想不到的口感和意境。

岩茶饮料

1. 速溶茶粉

用大红袍冰冻茶作为原料，通过提取、过滤、浓缩、干燥等工艺过程，将原茶叶中的有效成分提取，将茶汤的色泽、香气、营养成分等保留，制成能溶解迅速、使用方便、清亮通透、无沉淀、不冷浑的速溶茶粉。

与传统武夷岩茶繁复的功夫泡法相比，岩茶茶粉有即冲即饮、冷热皆宜的特点，不仅品质与新沏的好茶相当，而且最大限度地简化了传统武夷岩茶的冲泡程序和时间，更加方便快捷。速溶茶粉泡出的茶，清亮通透，不留任何茶渣，回味纯、香气浓、甘滑，而且不变味、不变色、无沉淀，便于携带，是人们日常办公、休闲和旅行的好伴侣。

2. 速溶茶膏

一般为袋装。内装不规则深褐色颗粒膏体，随冲随饮。汤色透亮呈橙红色，香气高扬而持久，口感醇厚，品饮之后杯底留香。冲泡水温，95℃最佳，常温亦可。饮用茶具，无太多的讲究。在用量用法上，一般每人每天只要 3 克就足够；胃寒者适宜饭后饮用，老年人不宜太多。

3. 含着吃的茶——岩茶含片

岩茶含片指乌龙茶无糖口含片。按重量百分比由以下原料制成：速溶乌龙茶粉 8%～12%，木糖醇 60%～70%，β 环糊精 10%～20%，柠檬酸 2%～5%，三氯蔗糖 0.2%～0.5%，维生素 C 0.2%～0.6%，香兰素 0.4%～0.6%，硬脂酸镁 1%～2%。这种含片色泽均一，硬度好。入口后，茶香浓郁，口感细腻，且清凉适口，具有良好的崩解性。

4. 和水果、牛奶、饮料的搭配——保健佳饮

茶多酚有"第七营养素"之称，武夷岩茶的茶多酚含量丰富。根据个人体质和口味调配各种果味、牛奶茶饮，还能与汽水、果汁等进行搭配，有效抑制饮料中的维生素 A、维生素 C 等多种维生素的降解破坏，从而保证饮料中的各种营养成分。如碳烤乌龙奶茶，就是以乌龙茶（岩茶）为基底，与奶粉搭配调

和的；冲泡后，带有浓浓的乌龙茶和奶香的味道。另外，还有大红袍鲜泡奶茶、蜜桃乌龙等。

（二）特色茶餐

以茶作食有很悠久的历史渊源，中国古代《茶赋》中有记载，"茶，滋饭蔬之精素，攻肉食之膻腻"。由此可见，茶叶不但能给菜肴带来独特的香味，还有解腻的作用。

1. 食疗茶膳——茶粥

茶粥是古之食疗，也是今之药膳的补充。如将岩茶与一些有特殊疗效的食物做成热饮。在民间，还有用茶末做茶泡饭和茶粥的习惯，叫茶饭。

制作方法：陈岩茶叶 15 克，大米 50 克。先将茶叶煮汁，去渣，放入粥锅内；加入洗净大米，用大火煮沸，改中火熬成粥，分上下午温食。本食疗能畅通胃肠道，维持胃肠的正常功能。陈茶是指隔年的茶叶，新茶对胃肠黏膜有较强的刺激作用。

2. 茶叶入菜，为健康加分

以茶叶、茶汤或茶末入菜。茶叶不仅能提香，还能祛腻。对于已经厌烦大鱼大肉及太多山珍海味的人们来说，茶叶入菜不仅满足了口味的改变，而且为健康加了不少分。茶叶入菜已成为许多"吃货"和美食家的新兴奋点。

抹茶类点心

3. 武夷岩茶宴，别树一帜——武夷山新兴宴席

以武夷岩茶为配料主体而制作的武夷茶宴，作为武夷山新兴宴席就地取材，并无固定菜谱，菜名也不尽相同，即使有同名的，做法也不相同，各家"茶宴"各具特色。在大厨们不断地探索与实践中，终于荟萃成席。茶宴风味忠实于茶文化的"清、静、和"，崇尚自然，菜肴的命名也散发出浓厚的文化韵味。值得一提的是，既然是茶宴，整个宴席中也得以茶代酒。

武夷岩茶宴菜式制法繁多，蒸煮炒炖等都能派上用场，或以茶为主料，或为配料。大抵有以下几种：以茶叶为菜肴，直接用茶叶来做菜，如用面食包裹茶叶，或将茶碾成粉末搅拌于其他佐料中；茶汤入肴，把茶汤、茶汁与菜肴一同烹制；以茶代薪，即以武夷岩茶代替薪柴，熏烤出的菜肴别具一番清香与风味。

（三）特色茶点

喝茶配茶点，不仅能收获几分喜悦，还多出别样的温暖情怀。

1. 茶元素和茶点的融合

休闲功能——随着食品加工技术水平的提高，茶叶越来越多地进入了各种食品，如茶蛋糕、茶面条、茶冰激凌、茶饼干、茶叶豆腐干、茶叶月饼等，数不胜数。当茶元素融入众多的休闲小食品后，休闲功能让茶叶与食品相得益彰。

保健功能——茶元素的添加，一方面因为茶的营养与保健功能改善了食品的感官品质（如滋味、色泽、香气等），提高了食品的营养价值和保健功效；另一方面，茶叶中的茶多酚具有抗氧化功能，例如，在月饼和火腿加工中添加了茶多酚后，不但改善了食品的感官品质，而且还大大降低了因油脂类成分氧化而产生的酸败现象。

2. 品茶配好点，相得益彰——适合岩茶的点心

在茶点与茶的搭配上，讲究茶点与茶性的和谐搭配，注重茶点的风味效果。甜配绿，酸配红，瓜子配乌龙，就是以甜的茶食配绿茶，酸甘类的茶食配红茶，咸碱类的茶食配乌龙茶。

岩茶味道浓郁、粗犷且每一泡茶汤都有不同体会，慢斟慢饮的同时，需要偏甜的点心来配合，以防止品茶过后容易产生的"晕

酥饼

茶"或"醉茶"现象。在配茶食品中，如豆沙馅的米糕、凉糕、枣泥豆沙馅等各类小点，在食用的时候除了不会觉得太过甜腻之外，茶水也帮助解滞消化。

3. 中秋好时节茶与月饼的天仙配

月饼与茶是天仙配：一来当月饼的甜腻遇上茶的甘冽，口感相得益彰；二来从养生角度而言，消食提神的茶也是赏月夜的健康之选。

传统的莲蓉月饼和大红袍是绝配。搭配理由：大红袍香气够馥郁，正好和传统莲蓉月饼的香浓甜美相匹配，不会被传统莲蓉月饼的味道所掩盖，而且颜色也很般配。搭配口感：留香持久，滋味醇厚，微苦带涩正好解腻，且饮后齿颊留香，"岩韵"明显，是中秋佳节赏月茶点的绝好组合。

4. 岩茶产地推荐点心

武夷山当地特色的茶点，一款是孝母糕，有叫孝母饼，还有叫朱子孝母等，原为武夷山民间的"汤饼"，为文人墨客节日、聚会、品茗时所享用的一道糕点，有多种口味（大红袍口味、板栗味、豆沙味等）。孝母糕外皮松软，馅料清甜，滑而不腻，吃到嘴里糯糯的。它同南宋著名理学家朱熹有很大的关联，因朱熹制饼孝母的举动，糕点得以在民间流传，并享有"武夷第一饼"的美誉。

另一款是茶饼，一种小吃，起源于宋代，是特别针对品武夷岩茶准备的。传说是八仙之一的吕洞宾在修道成仙时，招待神仙特制的茶点。苏东坡曾赋诗誉："小饼如嚼月，中有酥和饴"。茶饼风味独特，皮薄酥脆，食用回味无穷。

岩茶孝母饼

创意茶点制作

琳琅满目的茶点是一道独特的风景。有些食品是用传统的配茶点心加工成的，有些则是多点创意。

（1）各种酥糖——融入岩茶成分的牛轧糖、酥糖等。

大红袍枸杞牛轧糖　在工艺上，将传统牛轧糖制法与现代工艺经典融合；在配料上，匠心独运将茶与天然奶源完美结合，研制出的牛轧糖，含有丰富的营养元素及膳食纤维。牛轧糖为身体提供充分的补给，是早餐茶点、工作茶歇、招待亲朋的美味选择。

岩茶茶酥　选用大红袍茶汁为原料，运用传统工艺结合现代技术精制而成。茶酥甜而不腻，口感醇香可口，营养丰富，老少咸宜。

大红袍芝麻酥　精选上等黑芝麻，添加大红袍茶叶，以传统工艺制成。芝麻酥滋味香醇，香酥松脆，口感风味俱佳。

（2）茶汤、茶粉和面粉充分搅拌做出各种茶点。

蛋挞、粉果、蛋糕、萨其马，这些在茶楼里耳熟能详的名字，当遇上各种精品茶叶后，就会产生微妙的"化学作用"。茶点的做法与广式点心的做法一致，只是多了茶叶当配料，摇身一变，各种好听名字的茶点粉墨登场。

5. 大红袍茶叶蛋——武夷山特色小吃

游览武夷山大红袍景区，在景点有一座茶亭，任何一个游人都可以在这里赏茶园，品岩茶，听故事，外加一个武夷山唯一一家才有的大红袍茶叶蛋，这样的停留给游人留下一份充满乐趣的长久回忆。凡是品尝过的人几乎都异口同声地称赞"好吃"，鸡蛋中蕴含浓郁的岩茶香，由外到内，相当的入味，即便是蛋黄也不例外。

6. 岩茶果脯——创意茶点

岩茶果脯是采用武夷山的上等大红袍茶叶和蜜饯为原料，经过复杂的工序腌制而成的。一道道的工序使茶点的口感在甜而不腻的同时，还散发着大红袍茶叶的清香，使蜜饯与茶香完美融合，突出了茶点的色彩与口感，极富创意。

金橘——诱人鲜果、清香好味：金黄艳丽的色泽，圆润讨喜，素来是国人喜爱的传统吉祥果。在中国南方多个地区，金橘有吉祥招财的富贵含义。精选鲜果辅以优质大红袍茶粉，配合先进的蜜饯制作工艺，不仅具有橘香果味，还有清新的茶香。

洛神果——沁人红果、美味诱惑：饱满鲜艳的新鲜洛神花萼，添加精炼的大红袍茶粉制作而成，将洛神果沐浴在这氤氲的茶香中，熏制成茶韵鲜果。在品尝到美味茶食的同时，又能品茗到岩茶的馥郁芬芳。

番茄——酸甜开胃、茶香可口：优质番茄果实结合优质大红袍茶粉，口感酸甜爽口，让人回味无穷。

此外，其他水果也可作为制茶果脯的水果原料，如大红枣、李子、杨梅。

茶点是人们休闲生活的一部分，并不是说喝茶非得要有茶点，但因为有了茶点，喝茶变得温馨和随意起来。无论你是为了喝茶还是为了吃点心，只要有了那份悠哉的心情，我们的生活就会变得更加优雅而从容。

酸枣糕

第八篇
岩 茶之美：茶艺·茶席

　　岩茶茶艺以其祥和、宁静、古朴、典雅体现了茶的精神境界；岩茶茶席不浮躁、不浮夸，具有沉稳与大气之美。

一、岩茶茶艺

自古名山出名茶，武夷岩茶以其独特的岩韵、幽香，闻名古今中外，在茶王国中独树一帜。武夷岩茶又以其祥和、宁静、古朴、典雅体现了茶的精神境界，让人耳目一新，心宁气和。

武夷岩茶的几种茶艺如下：

1. 武夷岩茶盖碗茶艺

备器：三才杯（盖碗）、白瓷公道杯、白瓷品茗杯、佛手、滤斗、公道组、提梁壶、水洗、茶巾。

（1）涤净尘缘（洗杯）

行茶：用沸腾的热水冲入盖碗，出汤到公道杯，快速倒入品茗杯。

解说：茶乃圣洁之物，茶人自然要有一颗圣洁之心，茶道器具也必须至清至洁。所以泡茶之前，要先用热水烫洗茶杯，使茶杯冰清玉洁，一尘不染。采用盖碗来冲泡的"盖碗茶"，包括茶盖、茶碗、茶船子三部分。

（2）佳人入宫（投茶）

行茶：用茶匙将茶叶从茶叶盒中拨入盖碗里。

解说：苏东坡有诗云："戏作小诗君勿笑，从来佳茗似佳人。"茶品亦如人品，佳茗好似佳人。将武夷岩茶缓缓投入杯中，如同邀请佳人轻移莲步，缓缓入室。

（3）芳草回春（润茶）

行茶：即用"回旋注水法"向杯中注入少许开水，润泽茶叶。温润的目的是，使茶叶吸水舒展，以便在冲泡时，促使茶叶内含物迅速析出。向杯中沿着杯壁逆时针注入热水，以浸满茶叶为准。

解说：茶叶在水的冲泡下徐徐展开，好比春天刚刚发芽的小草，所以将这道程序称为"芳草回春"。

（4）天人育华（注水）

行茶：倒去洗茶的水，重新注入开水，快速出汤至公道杯。

解说：天人合一（合盖）"盖碗"又名"三才杯"，杯盖代表"天"，杯托代表

"地"，而中间的茶杯则代表"人"。只有"三才合一"，才能共同化育出茶的精华。

（5）敬献香茗（敬茶）

行茶：分茶至每位宾客的品茗杯。

解说："寒夜来客茶当酒，竹炉汤沸火初红。"客来敬茶是中华民族的优良传统，现在我们将这一杯芬芳馥郁的香茗献给嘉宾，祝大家万事如意，前程似锦。

盖碗冲泡步骤（部分）

（6）尽杯谢茶

行茶：盖碗茶茶艺到此结束。

解说："七碗受至味，一壶得真趣。空持百千偈，不如吃茶去！"在此真诚地邀请在座的各位朋友到林泉茶庄吃茶去。

白瓷备具

洗尽纤尘

乌龙入宫

润泽佳颜

琼浆微露

乌龙入海

静待佳茗

收翼藏飞

白瓷盖碗冲泡

2.武夷岩茶紫砂壶茶艺

备具：紫砂壶、紫砂品茗杯、公道组、茶叶盒、提梁壶、水洗、茶巾。

（1）焚点檀香

待茶师焚点檀香，香炉宜放在左上方。

武夷茶艺首先追求的是一种宁静的氛围，焚点檀香正是为了营造一种幽静、平和的品茶氛围。品茶先品人，品茶讲人品。品茶者应矜持不躁，这样才可体现传统茶德，即信奉人与人之和美，人与人之和谐。

（2）叶嘉酬宾

待茶师将茶叶盒打开，开口倾斜向外向大家展示，来回一次即可。

叶嘉是宋代大诗人苏东坡对武夷岩茶的代称，意为茶叶嘉美。叶嘉酬宾即为出示武夷岩茶，让来宾观赏。

（3）孟臣沐霖

孟臣是明代紫砂壶制作家，后人为了纪念他即把名贵的紫砂壶誉为"孟臣壶"。孟臣沐霖即为烫洗茶壶。将开水注入壶内，意在洗壶加温。

（4）乌龙入宫

即待茶师向客人展示茶漏，并置于紫砂壶口；展示茶针，用其拨茶叶入壶。

茶叶量依据品茶者的口味而定，喜浓者可多加，喜淡者可少加，一般茶叶量为紫砂壶的三分之一。

（5）乌龙入海

即将第一道茶汤注入茶海。武夷茶艺的冲泡技术讲究高冲水、低斟茶。通过悬壶高冲，使茶叶随水翻滚，使茶叶早些出味；接着待茶师用壶盖轻轻刮去壶表面的茶沫，誉为"春风拂面"。

（6）重洗仙颜

即用开水浇淋茶壶的表面，这样既可烫洗茶壶的表面，又可提高壶内外的温度。重洗仙颜为武夷山一处摩崖石刻，借用于此寓意洗去茶人凡尘之心之意。

（7）若琛出浴

若琛是清代江西景德镇的烧瓷名匠，他烧出的白瓷杯小巧玲珑，薄如蝉翼，色泽如玉，极其名贵，后人为了纪念他即把名贵的白瓷杯誉为若琛杯。"若琛出浴"即为温烫茶杯。

（8）关公巡城

斟茶时，为了避免茶水浓淡不均，待茶师应依次往客人杯巡回而斟，被誉为"关公巡城"。

（9）韩信点兵

茶水剩少许后，应往每杯点斟，因而称为"韩信点兵"。"关公巡城"和"韩信点兵"一是为了保持每杯茶水的浓淡均匀，二是表示对各位品茗者的平等对待与尊敬。

（10）三龙护鼎

品饮武夷岩茶以"三龙护鼎"法持杯：食指、拇指扶着杯的边缘，中指托住杯底，这种拿法叫三龙护鼎。

（11）鉴赏汤色

鉴赏汤色是指请客人用左手把描有龙凤图案的茶杯端稳，用右手将闻香杯

紫砂壶冲泡

慢慢地提起来，这时闻香杯中热茶全部注入品茗杯；随着品茗杯温度的升高，由热敏陶瓷制的乌龙图案会从黑色变为五彩。这时还要请客人注意观察杯中的茶汤是否呈清亮艳丽的琥珀色。

（12）喜闻幽香

"喜闻幽香"是武夷品茶三闻中的头一闻，即请客人闻一闻杯底留香。第一闻是闻茶香的纯度，看是否香高辛锐无异味。

（13）品味奇茗

品味奇茗是武夷山品茶中的头一品。茶汤入口后不要马上咽下，而是吸气，使茶汤在口腔中翻滚流动，使茶汤与舌根、舌尖、舌面、舌侧的味蕾都充分接触，以便能更精确地品悟出奇妙的茶味。

（14）尽杯谢茶

"饮茶之乐，其乐无穷。"自古以来，人们视茶为健身的良药，生活的享受，修身的途径，友谊的纽带。在茶艺表演结束时，请宾主起立，同干杯中的茶，以相互祝福来结束茶会。

3. 简版武夷岩茶茶艺

1990 年 10 月，武夷山市委、市政府举办大型的"首届武夷岩茶节"。根据武夷茶历史记载，融合古今冲泡技巧，结合当地民间习俗，引用山水传说等进行升华，收集整理编撰出一套《武夷岩茶茶艺》，其程序共 27 道。

程序如下：

恭请上座：客人就位，主人或侍者沏茶、把壶斟茶待客。

焚香静气：焚点檀香，营造幽静、平和的气氛。

丝竹和鸣：低声播放古典民乐，使品茶者进入品茶的境界。

叶嘉酬宾：出示武夷岩茶让客人观赏。

活煮山泉：泡茶用山溪泉水为上，用活火煮到初沸为宜。

孟臣沐霖：即烫洗茶壶。

乌龙入宫：把乌龙茶放入紫砂壶内。

悬壶高冲：把盛开水的长嘴壶提高冲水，高冲可使茶叶松动出味。

春风拂面：用壶盖轻轻刮去表面泡沫，使茶叶清新美观。

重洗仙颜：用开水浇淋茶壶，既洗净壶的外表，又提高壶温。

若琛出浴：即烫洗茶杯。

游山玩水：将茶壶底沿茶盘边缘旋转一圈，以括去壶底之水，防其滴入杯中。寓意游武夷名山、品武夷岩茶，相映成趣。

关公巡城：依次来回往各杯斟茶水。关公以忠义闻名，而受后人敬重。

韩信点兵：壶中茶水剩少许后，则往各杯点斟茶水。韩信足智多谋，受世人赞赏。以上两道程序的目的是，使各杯茶水浓淡均衡，以示待客一视同仁。

三龙护鼎：即用拇指、食指扶杯，中指顶杯。此法既稳当又雅观。

鉴赏三色：认真观看茶水在杯里上中下的三种颜色。

喜闻幽香：即嗅闻岩茶的香味。

武夷岩茶冲泡

①赏茶　　②淋壶
③投茶　　④悬壶高冲
⑤刮沫　　⑥分茶
⑦三龙护鼎　⑧喜闻幽香

初品奇茗：观色、闻香后，开始品茶味。

再斟兰芷：即斟第二道茶。"兰芷"泛指武夷茶。宋范仲淹诗有"斗茶香兮薄兰芷"之句。

品啜甘露：细致地品尝岩茶。"甘露"泛指岩茶。

三斟石乳：即斟第三道茶。"石乳"武夷名丛之一。

领略岩韵：即慢慢地领悟岩茶的韵味。

敬献茶点：奉上品茶之点心，一般以咸味为佳，因其不易掩盖茶味。

自斟漫饮：即任客人自斟自饮，尝用茶点，进一步领略品饮岩茶的意趣。

欣赏歌舞：茶歌舞大多取材于武夷茶民的活动。三五朋友品茶间吟诗唱和、谈古论今。

游龙戏水：选一条索紧致的干茶放入杯中，斟满茶水，仿若乌龙在戏水。

尽杯谢茶：起身喝尽杯中之茶，以谢山人栽制佳茗的恩典。

将其中不便表演的9道删除，即恭请上座、初品奇茗、再斟兰芷、品啜甘露、三斟石乳、敬献茶点、自斟漫饮、欣赏歌舞、游龙戏水，剩下的18道编排成表演观赏的节目，成为武夷山市艺术团的保留精品节目，并被武夷山大小茶馆所应用，收到良好的经济和社会效益。另外，18道茶艺还被中央、省市电视台拍摄成节目，传播到国内外，深受世人好评和赞赏。武夷山市向国家文化部申报成为唯一的"中国茶文化艺术之乡"。

4. 武夷山禅茶茶艺

（1）茶禅一味

禅乐迎宾	茗涤俗尘	莲步入场	金佛升座	焚香顶礼
祈降甘露	参禅止观	虔诚事茶	清茶献佛	佛茗敬客

（2）金佛茶缘

理煮灵泉	流云拂月	金佛临凡	银河落天	佛柳拂花
重洗仙颜	普降甘霖	净瓶滴水	五福呈祥	天开紫气
陶然沁芳	鉴赏汤色	初品奇茗	啜香咽甘	再酌甘露
怡情悦性	三斟玉茗	禅悟岩韵	乌龙戏水	谢茶结缘

（3）茶我合一

无我茗饮　自我泡茶　人人奉茶

四方品茗　领悟茶德　功德圆满

5.《武夷茶颂》（南词说唱词）

唱：拥有世界级名片，"十大名山"殊荣添。洞天福地多瑞草，岩茶祖先生此间。

说：在祖国的东南方，有一处神奇的仙境，她被列为"世界自然与文化遗产"，又被评为"中华十大名山"，她就是美丽的武夷山！这里不但山奇水秀，而且所产的茶叶得到世人的高度赞赏，还获得"中国茶文化艺术之乡"的美誉。

唱：丹山阳刚仙气灵，阴柔碧水含温情。孕就天产石上英，育成优异武夷茗。

唱：为君赋诗有东坡，范公仲淹作茶歌。观看分茶杨万里，朱熹设会又吟哦。

说："君不见武夷溪边粟粒芽，前丁后蔡相笼加。争新买宠各出意，今年斗品充官茶。"大诗人苏东坡因不满制作贡茶而作此诗。

大文学家范仲淹也写了一首长诗，名为《和章岷从事斗茶歌》。诗中有云："斗茶味兮轻醍醐，斗茶香兮薄兰芷。其间品第胡能欺，十目视而十手指。胜若登仙不可攀，输同降将无穷耻。"这是当年武夷山中斗茶时激动人心的写照。

宋代除"斗茶"外，还时兴"分茶"，诗人杨万里有诗记此游戏。理学大师朱熹在武夷山时，邀请文友别出心裁地在九曲溪中凿石为灶，煮茶畅饮，并吟诗记叙当时盛会的情景。

唱：古今饮者竞折腰，英国女士为妖娆。皇家据此归己有，兴建茶园又设漕。

说：自古以来多少饮者为武夷茶而痴迷，英国女士则把品饮武夷茶作为时尚，"下午茶"风俗便由此而形成。元代朝廷在武夷四曲溪畔兴建御茶园，专制贡茶，供皇家享用，有漕运官员监制和运送。

唱：老丛水仙味醇厚，武夷肉桂香气柔。名丛种种不胜数，馨香一瓣慰君候。

唱：茶中之王大红袍，享尽茶誉名声高。科技攻关续后代，子孙商海把金淘。

说：20世纪后期，武夷山的茶叶专家和技术人员，反复实验，成功地繁育了大红袍，从此大红袍走下云崖，迈向市场，步入寻常百姓家。

唱：红袍岩韵厚又重，清幽花香味隽永。绿叶红边丽质貌，四海饮君争相宠。

唱：红袍积淀古文化，承载故事兼神话。一场《喊山》祈丰收，御制贡茶见奢华。

唱：身居保护"原产地"，名列十佳金榜题。山人已将丹心许，共祝岩茶更华丽。

二、居家茶席

1. 茶席设计定义

茶席设计是一种静态的物质展示，每个人对其定义也不尽相同。一般茶席是指与饮茶、泡茶等有关的环境布置。茶席具有丰富的艺术性，但同时又要具有实用性，它既可以作为一种独立的艺术展示，又可以和茶艺表演一起进行展示。我们平时进行的茶叶冲泡器具的摆放和归置，就是一个简易的茶席设计。简单地说，茶席就是泡茶时用具的布置和摆放。

2. 茶席设计要素

设计茶席，要考虑茶席设计的四个要素：茶具组合、铺垫、辅助配饰设计（插花、焚香、挂画、相关工艺品）、茶点茶果。其中茶具是不可或缺的主角，其余辅助元素是对整个茶席主题风格起到点缀和渲染的作用。

确定好茶席的主题后，茶席的元素也就确定了。首先应选择合适的茶具，这是整个茶席的焦点，有特色的茶具往往对茶席主题起到很重要的启发作用。一般可以选择的材质有陶瓷、玻璃、搪瓷、漆器、金属和竹木类。按功能分，有煮水的器具、泡茶的器具、品茶的器具、贮存茶叶的器具和辅助器具（茶道组、茶荷、茶船等）。

铺垫的色彩和材质通常奠定了茶席的主基调。选择的质地有棉、麻、丝绸、竹编、草编等编织类的材料；也可以取材于自然，比如树叶铺、石铺等作为铺垫；还可以依据桌面自然的纹理不用铺垫，一些实木的泡茶桌或大理石的桌面，本身就是很好的铺垫。

辅助配饰设计主要包括空间和台面的装点，比如插花、焚香、挂画、屏风、相关工艺品，如茶宠、草帽、博古架等，这些空间设计的配饰如选择得当，可以起到画龙点睛的作用。

茶点茶果应根据主题和冲泡的茶类茶具来选择。通常用来作为茶点的食物有果脯类、花生、瓜子、糕点等。一般选择的点心做工精致，分量小；盛装的器具精美，与整个茶席的主题要协调。精致的茶点本身还能成为茶席布置的亮点。

3. 湿泡法和干泡法

依据茶席设计采取的冲泡方法可分为"湿泡法"和"干泡法"。湿泡法就是我们通常采取的有茶船的冲泡方法。这样的冲泡便于直接冲倒茶汤或者淋壶温杯，但是不利于保持桌面的洁净，也不

利于茶席的设计。一般待客型的茶艺采取湿泡法。这种冲泡方法不注重更多表演的成分，便于茶汤的冲泡。但是，要及时擦净客人面前的水渍，保持冲泡台面的整洁。

干泡法是跟湿泡法相对而言的，就是在冲泡的过程当中，不需要茶船，所以温杯或者温壶的水应直接冲倒水盂里面，而紫砂壶还需要配一个壶承，便于淋壶。这样就能保持桌面洁净且易收拾，还可以随心更换竹席和茶巾的款式，既不乏泡乌龙茶古香古色的风格，又增添了布置茶席的乐趣。一般在表演型的茶艺中采取干泡法。

4. 岩茶茶席欣赏

"器为茶之父。"好的冲泡器具对于茶性的散发具有很好的促进作用，所以不同的茶类所选择的冲泡器具一般而言是不尽相同的。岩茶的鲜叶采摘为驻芽三四叶，原料相对来说比较粗老，所以选择冲泡器具以传热性好的白瓷盖碗和透气性较好的紫砂壶为宜。用白瓷盖碗和紫砂壶冲泡武夷岩茶最能表现其茶汤本色，有不加掩饰的效果。

一般设计岩茶的茶席，要先确定与岩茶相关的主题。在设计茶席的时候，可以与人生的诸多感悟结合起来，也可以根据季节、节日、茶会主题来设计。

茶席乐趣不拘于形式，更无须矫情造作。茶席的主题也没有限制，关键在于懂得品茶的过程，不管什么茶，不管什么茶具，只要是自己喜欢的，与懂茶的人一起分享，都富有情趣，灵气盎然。

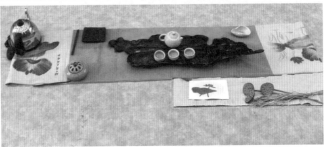

茶席图

第九篇

岩茶足迹

武夷山是世界乌龙茶的发源地，万里茶路的起点，这里茶事兴旺，是海峡两岸茶博会永久举办地。

武夷岩茶具"岩韵"，文化底蕴深厚，香飘海内外，深受老茶客的喜爱。

一、岩茶的兴衰

武夷茶历史悠久。据史料记载，唐代民间就已将其作为馈赠佳品。宋、元时期已被列为"贡品"。元朝大德六年（1302年），邵武路总管高久住，兼任武夷山御茶园监制长官。高久住在武夷山九曲溪四曲溪畔的平坂之处创设了皇家焙茶局，称之为"御茶园"，从此武夷茶正式成为朝廷贡茶长达255年之久。

到了明代，武夷茶开始发展，内外销量加大，产销两旺，商贾云集，因而引起朝廷的疑惧，怕深山"藏奸"，危及朝廷的安全。故禁茶山，罢茶市，教民务农，以安其生。加上贡茶制度的危害，武夷茶首次衰落。

清代是武夷岩茶走向辉煌的时代。武夷岩茶即半发酵的乌龙茶工艺形成后，所出的茶叶受到世人的好评并得以声名远扬，尤其是

皇家御茶园

福建示范茶厂遗址

世界遗产地文物之一——茶井

善于品茗的乾隆皇帝在其《冬夜煮茶》中提到武夷岩茶的"岩骨"——"就中武夷品最佳,气味清和兼骨鲠"——之后,使得岩茶更加赢得世人的追捧。从政客幕僚到文人雅士,品饮之风成为一种时尚,近乎奢侈,岩茶很快传至广州、潮汕、香港、台湾,随后则销往东南亚各国,饮者多为华侨,武夷岩茶故有"侨销茶"雅名。

1938年,"茶界泰斗"张天福在武夷山创建了"福建示范茶厂"。1942年至1945年,"当代茶圣"吴觉农率领蒋云生、王泽农等一批著名茶人在武夷山"中央财政部贸易委员会茶叶研究所"开展研究工作。武夷山成为当时全国的茶叶研究中心,岩茶栽培加工与化学分析等技术得到提高,但由于时局动荡,岩茶的发展十分迟缓。

二、因茶市而盛的下梅村

据《崇安县志》载:"康熙十九年间,其时武夷茶市集崇安下梅,盛时每日行筏三百艘,转运不绝。"又载:"道光、咸丰年间,下梅茶商发,而赤石经营红茶亦成市,遂由山西客(俗谓之西客)至县采办,运赴关外销售。乾隆、嘉庆年间销于广东。五口通商后,则由下梅、潮州、广州三帮至县采办,而转运于福州、汕头、香港,岩茶多销于厦门、晋江、潮阳、汕头及南洋各岛,其用途不一。待客且以之,也作医疗之良剂,直至抗战后,转运为难。下梅、赤石等茶市日趋萧条。"

由此可见，清代下梅的水路茶叶经贸活动十分活跃。而以陆路为主的茶贸易商道"万里茶路"，下梅则是起点站。

康熙十九年（1680年），山西茶帮在和俄商交易中收获颇丰，便来到武夷山的茶叶集散地——下梅、赤石、星村，建厂制茶，北上贩茶。从武夷山至恰克图，全程经七省，近五千公里，史称"万里茶路"。这是一条纵贯南北水陆交替的商业运输线路，由于主要经营者是山西商人，所以也称为"晋商万里茶路"。这条茶路的最南端，就是武夷山的下梅村；最北端，是中俄边界上的恰克图。雍正五年（1727年），中俄签订《恰克图界约》，确定恰克图为两国商人互市地点，边界分设中俄市场，中俄茶叶贸易进入一个新的发展阶段。随着茶叶生意向境外扩张，茶路不断延长，茶叶贸易迎来了空前的繁荣鼎盛时期。

三、岩茶传播中的两个重要家族——晋商常氏、下梅邹氏

明清时期，山西省榆次车辋常氏是山西商号中的佼佼者。常氏具有150多年的商号史，是中俄边界贸易城恰克图中的显赫商号，其经营的主要商品就是

茶叶，而这些茶叶又都是从武夷山采购而来的。

据《常氏庄园儒商文化书系·榆次车辋常氏家族》记载：乾隆二十年（1755年），山西省榆次常氏，审时度势，与经营岩茶的巨贾崇安县（今武夷山）下梅村邹氏景隆茶号合作，建立了茶商贸易伙伴关系。常氏在武夷岩茶主产区东面的下梅街设立茶库、茶坊，在水路梅溪茶埠，收购茶叶，雇用当地茶师自办岩茶加工坊，精制茶叶。由下梅茶市为起点，把茶叶从武夷山经"茶叶港"汉口、河南运到山西，再经由关外茶叶"丝绸之路"运到俄罗斯和东欧。

下梅邹氏在与山西人的交易中，学到了晋商的经商之道，从单一的茶叶交易到贩卖各类货物，生意日隆，交易多元化，资产遂增。邹氏投入重金购买骆驼，用驼队运货到恰克图交换皮货、药材，换洋铁、洋油、洋火等。如今，下梅邹氏还留有从恰克图带回的美国美孚石油公司的油箱及邹氏茶庄号"景隆号""集春号"及验押茶货的"素兰号"木印模等，这些都是下梅邹氏当年与晋商进行武夷岩茶贸易时使用的实物遗存。

同时，下梅邹氏还借福州、广州口岸开放之机，与广东帮结为贸易伙伴关系，在广东、澳门置茶庄，与英国商人进行海上茶贸易。经由西方的贸易公司，下梅邹氏将武夷茶贩运到东南亚各地，有的还销往欧洲，从而铺设了一条从武夷山下梅茶市至西欧的"万里茶路"。

四、武夷岩茶原产地产品保护申请获批

2002 年 3 月 8 日，中华人民共和国国家质量监督检验检疫总局通过了对武夷岩茶原产地产品保护申请的审查，并发出公告，批准自即日起正式对武夷岩茶原产地产品实施保护。此举不仅规范了武夷岩茶的市场秩序，保证了武夷岩茶的质量，而且对武夷岩茶这一知名品牌的保护以及国家利益的保护都起到了重要的作用。

五、首批"国家级非物质文化遗产"——武夷岩茶（大红袍）传统手工制作技艺

2006 年 5 月 20 日，武夷岩茶（大红袍）传统手工制作技艺被确认为首批"国家级非物质文化遗产"。同年，武夷山政府批准王国兴、游玉琼、陈孝文、叶启桐、黄圣亮、陈德华、王顺明、刘宝顺、吴宗燕、刘国英、苏炳溪、刘峰

12 位制茶人为第一批武夷岩茶（大红袍）制作技艺代表性传承人；2014 年，在武夷山第八届海峡两岸茶博会上又将评出的张回春、占仕权、苏德发、周启富、刘安兴、刘德喜 6 位制茶人作为第二批武夷岩茶（大红袍）制作技艺代表性传承人。这些举措进一步提升了武夷茶的文化地位，丰富了武夷茶的文化内涵，对弘扬武夷茶文化以及武夷岩茶的传播有着重要的作用。

六、武夷岩茶在北京

武夷岩茶大红袍作为"贡茶"，自古就与京城有着深深的渊源，深受皇亲国戚以及达官贵人的喜爱。清康熙大学士张英《聪训斋语》有"中年饮武夷而甘，此茶可以终老，其他不必问矣……武夷如高士，可为岁寒之交"。清乾隆皇帝爱茶，他在御花园里辟了一间茶室，每天必到此处吟诗品茶，曾赞称："建城杂进土贡茶，一一有味须自领。就中武夷品最佳，气味清和兼骨鲠。"武夷岩茶成了乾隆健身养心、延年益寿的佳友。1972 年美国总统尼克松访华，毛泽东把四两大红袍作为"国礼"送给了他，当时周恩来总理还戏称，送给了尼克松总统"半壁江山"。

20 世纪初至七八十年代，由于历史的原因，武夷岩茶在北京市场上处于发展的低潮期。2006 年 10 月 3 日，一辆装载古朴九曲溪竹筏和武夷山山泉水的大篷车从武夷山启程，驶向首都北京，由武夷山政府主办的"浪漫武夷，风雅茶韵"——大红袍中秋进京献茶系列活动，正式拉开序幕。系列活动包括在北京钓鱼台国宾馆丹若园举行的中秋赏月品茗会、在王府井步行街举办的大红袍北京茶庙会、在马连道茶叶一条街举行的武夷山大红袍北京推广中心授牌仪式等。一系列活动使武夷岩茶在北京市场上的关注度得以逐渐提高，并慢慢地被北京茶客所接受。

但是，如今大部分北京茶客仍对武夷岩茶知之甚少，很少有人知道武夷岩茶中还有肉桂、水仙、四大名丛和品种茶等，只是知道自己喝的是大红袍，且误解为武夷岩茶只是茶汤颜色深且苦涩，价格昂贵等。一般茶客对武夷岩茶的品饮方法和程序也不熟知，更不要说了解武夷岩茶工艺、山场韵味及各个品种茶的口感特征了。

今后在依托武夷岩茶悠久的传统历史文化，从各个角度深层次地介绍武夷岩茶，培养稳定增长的武夷岩茶客户群体，还有很多工作要做，武夷岩茶在北京有着很好的发展空间。

七、武夷岩茶在东北

如今东北地区普通的消费者对于武夷山茶叶的认知有两种，一是正山小种、金骏眉，一是大红袍。武夷岩茶的消费市场比较小众。普通消费者认为它是"高端茶"，从心理上就不敢触碰。消费者对于武夷岩茶的了解和认知仅仅停留在"大红袍"的层面，或者说大红袍就代表着武夷岩茶。大多数消费者并不知道武夷岩茶除了大红袍，还有肉桂、水仙和四大名丛等。地区茶叶零售和成茶小包装市场上很少见到"武夷岩茶"字样的标识包装。

东北地区两极分化的茶叶消费市场很独特，一种是普通市民赖以消费的茶城零售市场，另一种是小众的资深茶人消费圈子。未来武夷岩茶在东北市场将会形成以资深茶人品鉴为中心的圈子消费。

八、武夷岩茶香飘海外

明万历三十五年（1607 年），荷兰东印度公司从澳门购买武夷茶后，经爪哇于 1610 年运到荷兰，并转至英国，从此武夷茶开始步入世界市场。其后，英国人也到福建厦门采购武夷茶。当时伦敦市场上只有中国武夷茶，而无其他茶类。欧人皆以武夷茶为中国茶之总称。

早期武夷茶的外销水陆兼运，19 世纪 40 年代"五口通商"后，厦门、福州成为外销港口，海上茶路代替了北上茶叶之路，成为武夷茶销往各国的主要途径。据《武夷山市志》记载：光绪六年（1880 年），武夷山出口清茶 20 万公斤，价值 35 万元。

在海上"茶之路"中，瑞典东印度公司从 18 世纪 30 年代起频繁远航中国并进口大量的武夷茶。1984 年打捞起的"哥德堡号"货船上有 370 吨茶叶，其中大部分是武夷茶。

20 世纪 80 年代，武夷岩茶悄然进入日本市场，深受日本人士的喜爱，被誉为保健、健美佳品。1985 年，日本知名女作家佐能典代女士莅临武夷山探索武夷茶事，并在东京和京都兴办"岩茶坊"，推介武夷岩茶。20 世纪 90 年代，日本富士电视台到武夷山拍摄电视片《武夷岩茶》，系统地向日本人民介绍武夷岩茶，在日本国内掀起了"武夷岩茶热"，尤其是武夷岩制成的罐装饮料，在日本市场持续热销。

武夷茶界与国际的交流
①李远华博士与外国友人威廉·高曼
②南非自由邦省奥莉·拉姆莱莉副省长考察武夷学院茶学中心
③南非女学生在武夷学院茶艺室
④美国侨胞在参观武夷学院茶学实验室
⑤美国茶友在武夷学院茶学实验室考察学习

九、海峡两岸的茶缘

作为国内外茶界交流的重要渠道，海峡两岸茶博会自举办以来受到社会各界的高度重视，它也是岩茶产业发展、品牌传播的重要途径。

武夷茶界与国际的交流
⑥联合国教科文组织官员卡贝丝在武夷山
⑦李远华博士与欧盟茶叶主席威廉·高曼
⑧美国少年在学做茶
⑨李远华博士与国际茶叶主席迈克·班斯顿
⑩马来西亚华侨在武夷学院茶艺室留影

1. 备受瞩目，影响深远

海峡两岸茶业博览会自 2007 年 11 月 16 日举办首届以来，已发展成为茶界盛会，其规模大，规格高，影响深远。在各主办方和承办方的共同努力下，武夷山茶博会参展的商家遍及海内外，它全方位地向世界展示了福建作为"茶之乡、茶之祖、茶之源、茶之韵"的丰采，以及武夷山作为世界红茶、乌龙茶发源地的深厚茶文化底蕴和闽台两地茶文化深远的渊源。

2. 茶博会举办地虽几经迁移，最终落户武夷

首届海峡两岸茶业博览会，举办地在历史文化名城、著名侨乡泉州。第二届海峡两岸茶博会暨武夷山旅游节在武夷山市中华武夷茶博园举行，与武夷山旅游节同期举办，把茶业博览与旅游紧密结合起来，实现茶旅互动。第三届茶博会移师茶叶之乡宁德，进一步展现了福建茶乡特色。从第四届开始，茶博会正式落户武夷山。一年一度的两岸茶博会已经成为两岸茶界的一大盛事。两岸茶博会永久落户武夷山市是一次强强联合，达到了多方共赢的效果。

台湾茶协会到九曲山茶叶公司访问

台湾茶协会与
武夷山茶界交流

第十篇
岩 茶历史与礼俗

碧水丹山涵载武夷山茶悠久历史，人们以茶待客、以茶会友、以茶联谊，茶成为人际沟通的重要媒介。

一、悠久的历史

（一）武夷山何时有茶

天下灵山必产灵草。武夷山丹山碧水，人杰地灵，山中所产岩茶，实为灵草。武夷山何时有茶？早在闽越古国，武夷山就有了茶。武夷茶最早被人称颂，可追溯到南齐（479—502年），而最早的文字记载见之于唐朝元和年间（806—820年）孙樵写的《送茶与焦刑部书》。孙樵在赠送武夷茶给达官显贵的一封信札中写道："晚甘侯十五人，遣侍斋阁。此徒皆乘雷而摘，拜水而和。盖建阳丹山碧水之乡，月涧云龛之品，慎勿贱用之！"孙樵在这封信中，把出产在丹山碧水之乡的茶，用拟人化的笔法，美称为"晚甘侯"。"晚甘"，蕴含着甘香浓馥、美味无穷之意；"侯"乃尊称。"碧水丹山"是南朝梦笔生花的大文人江淹对武夷山的赞语，随后成为人所共知的武夷山特称。此茶为武夷所产，绝无疑问。从此，"晚甘侯"遂成为武夷茶最早的茶名。清朝闽北人蒋蘅后来在《晚甘侯传》一文中，通篇以拟人化的笔法，酣畅淋漓地为武夷茶撰写传记。他写道："晚甘侯，甘氏如荠，字森伯，闽之建

溪人也。世居武夷丹山碧水之乡，月涧云龛之奥。甘氏聚族其间，率皆茹露饮泉，倚岩据壁，独得山水灵异，气性森严，芳洁迥出尘表……大约森伯之为人，见若面目严冷，实则和而且正；始若口难茹，久则淡而弥旨，君子人也。"文中沿用了前人对武夷茶的美称——"晚甘侯"，而且用拟人化的笔法记述了它的姓名和表字：它姓甘，名如荠，字森伯。《诗经·邶风·谷风》云："谁谓荼苦？其甘如荠！"《晚甘侯传》作者匠心独具，为甘甜美味的武夷茶取了出典于《诗经》的尊姓大名，令人解颐生津。《传记》还把武夷茶的"茶品"拟人化为"人品"，赞之曰："君子人也！"足以与周敦颐称莲花为"花之君子"相媲美。

继唐朝孙樵用拟人化的笔法称武夷茶为"晚甘侯"后，历代都有讴歌武夷茶者。宋朝陶谷在《荈茗录》一文中，以"森伯"指称武夷茶。森伯既是超群的好茶，而要体会森伯的佳妙之处，非熟练的评茶者莫属。谁是"森伯"的知遇者呢？《晚甘侯传》云："先是森伯之祖，尝与王肃善。"王肃是早期与武夷茶（森伯之祖）神交的一位雅士。宋朝叶清臣在《述煮茶小品》中说："王肃癖于茗饮。"他是一位熟知茶性的品茶高人。南北朝时期，王肃的父亲王奂在南齐任尚书右仆射（中书郎，宰相的助手），曾得到进贡的武夷茶礼品。当代著名茶叶专家陈椽据此论证："武夷茶约在距今1500年前的南朝时就以"晚甘侯"之名

而闻名。"武夷茶的起源一定更早于此。

北宋大文学家苏轼写过一篇散文《叶嘉传》，以拟人化手法记述武夷茶。"叶嘉"意为"茶叶嘉妙"。《叶嘉传》写道："叶嘉，闽人也……曾祖茂先，养高不仕，好游名山，至武夷，悦之，遂家焉……子孙遂为郝源氏（编者注：郝源，即毄源，位于武夷山一带建安县）……因而游见陆先生（编者注：陆羽），先生奇之，为著其行录传于世。"记述了叶嘉知遇于"茶圣"陆羽之传说。《叶嘉传》用较长的篇幅写了叶嘉被荐入汉朝宫廷后屡经考验而气节高尚的细节，读来盎然有趣。文曰："（天子）遂以言恐嘉曰：'砧斧在前，鼎镬在后，将以烹子，子视之如何？'嘉勃然吐气曰：'臣山薮猥士，幸惟陛下采择至此，可以利主，虽粉身碎骨，臣不辞也！'上笑。"这里说的是在面临研制、蒸煮的考验时，"叶嘉"从容不迫，沉着自如。文章末尾，苏轼还用"赞曰"的形式写了大段极富抒情色彩的语句，为"叶嘉"——武夷茶扬名："今叶氏散居天下，皆不喜城邑，惟乐山居。氏于闽中者，盖嘉之苗裔也。天下叶氏虽多，然风味德馨为世所贵，皆不及闽。闽之居者又多，而郝源之族为甲。"武夷茶早在汉朝就已初具盛名。

（二）武夷茶兴盛于唐宋

唐贞元年间（785—804年）常衮为

建州刺史时，蒸焙武夷茶而研之，谓之研膏茶。这是一种自然茶（不加任何香料，因唐代有加香料烹茶的做法），后来由研膏茶发展为蜡面茶。蜡面茶初为方形，后为饼状，加工极为精致。蜡面茶茶饼不足一两而价值千金，作为贡品，为皇上所钟爱。蜡面茶之上印有象征喜庆的飞鹊之类的图案。唐末五代文学家徐寅在《谢尚书惠蜡面茶》诗中写道："武夷春暖月初圆，采摘新芽献地仙。飞鹊印成香蜡片，啼猿溪走木兰船。金槽和碾沉香末，冰碗轻涵翠缕烟。分赠恩深知最异，晚铛宜煮北山泉。"诗文说明武夷茶已从研膏转制蜡面，而且印有飞鹊的标饰和加入香料配制成片状的茶形，作为当时高贵的馈赠礼品。唐朝诗人李商隐品尝了用武夷茶制作的研膏之

朱熹雕像

后，把研膏当作仙露欣然赋诗："只得流霞泛一杯，空中箫鼓几时回。"用武夷山一带出产的茶叶研制而成的北苑蜡面茶，声誉日隆，北宋太平兴国（976—983 年）初年，朝廷特置龙凤模印，遣使到建州，监造团茶以别一般的庶饮。团茶的原料取自武夷山一带，包括武夷山的奇茗。建州的州治建安县已为人们所熟知，所以龙凤团茶也称为北苑茶。北苑属建安县建置，现位于建瓯东部。994 年，崇安县正式建县，武夷茶逐渐脱离"北苑"之统称而独步傲立于茶坛，加之诗人墨客多有诗咏，武夷茶的名气大扬。民国《崇安县新志》载："宋时范仲淹、欧阳修、梅圣俞、苏轼、蔡襄、丁谓等从而张之，武夷茶遂驰名天下。"与此同时，武夷名丛也开始形成，如铁罗汉、坠柳条等。清时山中仍有这两种名丛，皆为宋朝留存下来的茶树。清朝学者郭伯苍在《闽产录异》中曾记述："各仅有一棵，年产少许，为无价之宝。"

　　宋朝南渡，政治、经济、文化中心南移，武夷山成为理学名山，享有"闽邦邹鲁"和"道南理窟"之殊荣。理学家朱熹在武夷山隐屏峰下建武夷精舍，授徒讲学，文人墨客，会聚山中，斗茶品茗，以茶促文，以文论道，极一时之盛，茶事因之兴旺。著名诗人陆游到此赞曰："建溪官茶天下绝。"武夷茶突起，与北苑茶同负盛名。朱熹于淳熙十年（1184年）在筹建武夷精舍时，特利用九曲溪上的一块有罅隙的天然洲石当作茶灶，以倡导茶事，并咏诗："仙翁遗石灶，宛在水中央。饮罢方舟去，茶烟袅细香。"朱熹在寓居武夷山之时，亲自携篓去茶园采茶，引之为乐事，并以《茶坂》为题赋诗："携籝北岭西，采撷供茗饮。一啜夜心寒，跏趺谢衾影。"当时武夷茶弥足珍贵，朝廷明令禁止输出国外。民国《崇安县新志》载："《朝野杂记》云，绍兴十三年，诏载建茶（按：即武夷岩茶）入海者斩。"当时朝野均视武夷茶为国宝，不可输出国外。

（三）元定为贡品，明改制炒青绿茶

在武夷山九曲溪的四曲之畔，有元朝始建的御茶园遗址。御茶园是武夷茶展现其神奇岩韵的一方宝地。这里所产之茶叶，品具岩骨花香之胜，韵味隽永奇绝。辟为皇家茶园之后，名声响彻华夏，岩韵传遍九州。

元至元十六年（1279年），浙江省平章高兴路过武夷山，监制了"石乳"茶数斤，入献皇宫，深得皇帝赏识。至元十九年（1282年）高兴又命令崇安县令亲自监制贡茶，"岁贡二十斤，采摘户凡八十"。大德五年（1301年），高兴的儿子高久住任邵武路总管之职，就近到武夷山督造贡茶。第二年即大德六年（1302年），他在武夷山九曲溪之第四曲溪畔的平坂之处创设了皇家焙茶局，称为"御茶园"。从此，武夷茶正式成为献给朝廷的贡品，每年必精工制成龙团饼，沿着驿站递送至大都（今北京）。御茶园的建筑物巍峨、华丽，完全是按照皇家的规格设计和构建的。进了仁凤门，迎面就是拜发殿第一春殿，还有清神堂、思敬堂、焙芳堂、宴嘉亭、宜寂亭、浮光亭、碧云桥，以及通仙井，其上覆以龙亭。

武夷贡茶鼎盛于元朝。元亡明兴，贡茶制度仍有沿袭。明洪武二十四年（1391年），皇帝诏令全国产茶之地按规定的每岁贡额送京，并诏颁福建建宁。今武夷山当时归属于建宁府，所贡的茶为上品。茶名有四：探春、先春、次春、紫笋，并下令不得辗揉为"大小龙团"，按新的制作方法改制成为芽茶入贡。随着明代开国皇帝朱元璋"罢龙团，改制散茶"诏令逐步实施，武夷茶逐渐由蒸青团饼茶改为晒青、蒸青制法，后改进为炒青绿茶。明诗人谢肇淛（zhè）在《五杂俎》一文中提道："揉而焙之，则自本朝始也。"这一变化可说是武夷制茶工艺领域的大变革。嘉靖三十六年（1557年），由于御茶园疏于管理，茶树枯败，茶业衰落，武夷茶遂免于进贡。御茶园前后经历255年，它的兴废，引起了后人的深深喟叹。编纂《武夷山志》的清人董天工在《贡茶有感》中写道："武夷粟粒芽，采摘献天家。火分一二候，春别次初嘉。壑源难比拟，北苑敢矜夸。贡自高兴始，端明千古污。"这首五律评说了御茶园的功过：功在于武夷茶经历了御茶园时期的悉心栽培和精工制作，已跨进了它发展中的鼎盛时期，独秀于茶坛，称雄于建州。但御茶园亦有过，过在劳民伤财，董天工归咎于进献贡茶的北宋蔡襄。

（四）历史上武夷茶的对外贸易

宋、元及明初，茶禁甚严，"铢两不

古代茶事

1. 通仙井

武夷山四曲御茶园内至今还保留着一口甘洌的"通仙井"，又称"呼来泉"。它是元代高兴（福建路招讨使行右副都元帅）之子高久住任福建省邵武路总管，奉命到武夷山监制贡茶时，在九曲溪之第四曲溪畔建皇家御茶园时挖凿的。

2. 茶洞

茶洞位于六曲的东面，在登天游峰的路上。茶洞又名玉华洞、升仙洞。据说武夷山此处产茶极佳。茶洞岩刻，年份、作者不详。茶洞，明万历时建，后废弃。清朝崇邑人董茂勋重建，匾其门口"峥嵘深锁"。

3. 茶灶

茶灶，位于五曲溪流中，是朱熹会友品茗的经常去处。原有宋代著名理学家朱熹的题刻，已销蚀。

通仙井

茶洞

茶洞一景·峥嵘深锁

得出关"，甚至于严令"载建茶入海者斩！"因而限制了茶的传播。至郑和七下西洋，携带大量武夷茶等各种名茶作为礼品出国后，才又打开了茶叶之门，茶叶外销渐盛。明神宗万历三十五年（1607 年），荷兰东印度公司开始从澳门收购武夷等茶，经爪哇输往欧洲试销。

明末清初，茶禁松弛，朝廷许可百姓贸易，武夷茶出口大量增加，在海路尚未畅通之前，陆路上则出现了由山西商人组成的茶帮，专赴武夷山采购茶叶运销关外：越分水关，出九江，经山西……转至库伦（今乌兰巴托），北行达恰克图（曾是中国境内的中俄通商要埠）。之后再经俄罗斯通往欧洲腹地。据《山西外贸志》载，在这条商路上车帮、马帮、驼帮络绎不绝，蔚为大观。雍正五年（1727 年）中俄签订《恰克图界约》，正式确定恰克图为两国商人互市地点，使它成为重要的茶叶集散地，武夷茶由此而大踏步走出武夷幽深的壑谷，穿越万水千山，走向俄国宫廷、走向欧洲大陆。18 世纪末，"茶叶之路"进入鼎盛时期，有力地带动了沿途其他各类商品的交易，促进了中欧经济的交流。同时，武夷茶又通过海路进入英国的上流社会，品尝武夷茶成为王公贵族竞相追逐的一大乐事。"茶叶色色，何舌能辨？武夷与贡熙、白毫与小种（白毫、小种均为武夷茶名），茶熏芬馥，麻珠稠浓。"这是一段英国自由党人讽刺鲁利勋爵品饮武夷茶之侈靡生活的言论。为了满足贵族对武夷茶的需求，英国有关部门还特别规定，每船都必须载满七分之一的武夷茶入口。荷兰当局则规定：高级的茶要先用精致的白金器皿分装后再装箱，以免中途破损受潮霉变。茶商对武夷名丛，更是倾慕不已，甚至指株索购："茶之至美者名为'不知春'，在武夷天佑岩下，仅一树，每岁广东洋商预以金定此树，自春前至四月，皆有人守之。"

18 世纪中叶，武夷茶又进入美洲，商人们以广告、传单等形式宣传武夷茶，甚至保证：武夷茶若不合口味，可以退货，武夷茶得以传遍世界各地。

鸦片战争前夕，闽省著名学者梁章钜（1775—1849）曾感叹："该夷（指英国）所必需者，中国之茶也，而崇安所产，尤夷所醉心。"列强的炮舰，轰开了清廷的大门，武夷茶为英、美商人所竞相掠夺。由于"五口通商"的冲击，北上的"茶叶之路"走向没落，被新的海上"茶之路"所代替；经营武夷茶的山西帮解体，广、潮、漳、泉、厦等茶帮兴起。武夷茶分别通过广州、厦门、福州口岸大量输出，促进了茶饮在世界各地的普及。1834年，印度总督威廉·本廷克（William Bentinck）组织茶叶委员会，研究中国茶叶在印度种植的可能性。由于清廷禁止外国人游历内地，该会秘书戈登（Gordan）乔装潜入中国，设法在武夷山购买了大批茶籽，并于1835年初偷偷运往加尔各答，育成4.2万株茶苗。后来，他又聘请中国茶师于1838年仿武夷茶的加工工艺，制出了第一批成品茶运至伦敦，英国朝野为之轰动，从而奠定了现在世界产茶大国印度的茶业基础。这些茶树后来又输入斯里兰卡，成为这个世界第三大产茶国的茶之祖。

在英语中，"武夷"的音译"Bohea"的译义就是中国红茶。瑞典植物学家林奈（Carolus Linnaeus）在《植物种类》一书中，将茶分为两类，其中之一为Var Bohea（武夷变种）。欧美的科学工作者曾倾心研究美妙的武夷茶，从中分离出一种没食子酸混合物，以武夷命名，称之为"武夷酸"（Acid Bohea）。茶叶输出欧美之初，闽南是武夷茶的最重要集散地，而茶叶的学名以及英、法、德、荷、俄

等语系中茶的名称，都是从厦门方言中的"茶"转译而来的。可见，武夷茶在世界上曾占有重要地位。

（五）武夷茶之妙，正当兴盛时

武夷茶扬名天下，历经千年，虽历经兴衰交替，但终能以其独特的风骨傲立于武夷山的岩壑之间，馨香益发飘逸，岩韵更加诱人。武夷茶长久扬名于世，也与武夷文化的兴盛发达息息相关。自唐以来，武夷山就是儒释道三教集萃之处。儒者擅于品茶，隐者躬耕莳茶，书院学子一脉斯文，以斗茶品茗为雅事，加之寺庙、道观遍及全山，直到20世纪初尚有一百余处。僧道众多，而茶园很大部分辟为庙产，僧众、道士潜心研制高品质茶种，所以武夷茶的每一变迁，都与佛老僧道有着密切的关系。清代僧人释超全的《武夷茶歌》，以及从黄山请来僧人到武夷山传制松萝茶的记载都说明了这些情况。释道名流与名宦鸿儒咏吟武夷茶的诗文有力地弘扬了茶文化，也提高了武夷茶的知名度。道宗白玉蟾的咏茶词至今犹如灵丹一样，沁人心脾；而宋苏轼、欧阳修以及清查慎行、袁枚的咏茶诗文更助岩韵，令人回味无穷，遂使武夷茶得以和咏武夷茶的诗文一样，流传于世，历久弥新。

民国初年，武夷茶仍然是生产、

购销两旺，武夷山茶市星村、赤石等处，河边货舶密集，市镇茶行林立。白昼，商贾互市之声不绝于耳；入夜，梨园丝竹之音回旋。晋赣茶帮、漳泉茶客纷至沓来，多有经营茶叶而致富者，"金崇安"遂以得名。

1930年，崇安苏维埃政府成立，随后崇安成为闽北红色政权的中心，苏维埃提倡发展茶叶生产，鼓励茶农改良茶叶品种。在崇安县苏维埃政权存在的5年里，武夷茶方兴未艾，茶园碧绿如玉，茶业兴旺发达。抗日战争时期，太平洋战争爆发后，海路交通受阻，武夷茶滞销，茶农、茶商困迫，茶叶堆积，茶农改行，茶园荒废。爱国华侨领袖陈嘉庚于1940年9月率领南侨筹赈祖国慰问团回国慰问并考察武夷山时，看到茶园杂草丛生，荆棘遍地，十分痛心，对脍炙人口的"大红袍"尤其关切。他说："闽省武夷产茶之盛，名传中外，有最良者称曰'大红袍'，假冒其名者虽多，究实大红袍茶则极少……知其物可贵，然尚未尽其保护之道也。"在武夷茶濒临凋谢零落之关键时期，"当代茶圣"吴觉农先生，为振兴武夷茶竭尽全力。1941年，在他的带动并组织下，一批茶叶科技人员在浙江衢州的万川成立了东南茶业改良总场筹备处，并于次年迁址福建崇安武夷山，正式更名为财政部贸易委员会茶叶研究所。这是我国历史上第一个全国性的茶叶研究所，由吴觉农先生主持全所工作。各地茶业志士在吴觉农献身精神的感召和表率力量的吸引下，纷纷负囊前来，立志为茶叶科研事业而献身。他们含辛茹苦，振兴茶事业，为疮痍满目的赤石和企山茶场增添了不少的活力和生气。吴觉农及其科学伙伴们在武夷山辛勤工作4年，大力推行茶树更新活动，精心进行岩茶研究，为复兴武夷岩茶立下了汗马功劳。

新中国成立后，武夷岩茶有了新的飞跃，它被列为全国十大名茶之一。近年来，国内国际茶文化交流频繁。东邻日本的茶道朋友更是经常慕名前来武夷山，交流茶道，畅游茶区，品尝岩韵，洽谈商务。国际茶文化的交流往来，使武夷岩茶得以青春焕发，美名远播海内外。武夷山下，流传着许多国际茶文化友好往来的佳话趣闻。日本女作家左能典代多次来华，把武夷岩韵传播到一衣带水的日本是她的心愿。她在日本东京市都港区兴办了一间武夷"岩茶房"，请社会名流，举办文化交流活动。不少日本朋友在岩茶房品岩韵、论茶道、交流茶文化，为促进中日友好作出了贡献。武夷山一年一度的茶业博览会也为世界各国的茶人及茶文化爱好者交流茶艺提供了一个很好的平台，并促进了武夷岩茶和红茶走向世界。

二、饮茶风俗

茶作为一种日常饮品，与人们的生活有着密切关系。千百年来茶已渗透到人们生活的方方面面，并在长期的社会生活中逐渐形成了以茶为主题或以茶为媒介的风俗、习惯、礼仪，即茶俗。茶俗是关于茶的历史文化传承，是人们在茶的生产劳动、文化活动、休闲交往的礼俗中所创造、享用和传承的生活文化。

"十里不同风，百里不同俗。"由于历史、地理、民族、信仰、文化、经济等条件不同，各地的茶俗无论是内容还是形式都具有各自的特点，呈现百花齐放、异彩纷呈的繁盛局面。

（一）敬茶

客至，主人敬上一杯香茶。主人讲究"端、斟、请"，客人则留意"接、饮、端"。主人以左手托杯底，右拇指、食指和中指扶住杯身，躬着身微笑着说："请用茶。"饮茶人宜双手接杯，道声谢谢，端杯细啜，赞美主人茶叶好。一道茶后，寒暄叙话，主人复斟茶。主人要待客人离别后，方可清理、洗涤茶具。

（二）斗茶

武夷山斗茶赛由茶叶局、星村镇、天心村、黄村，以及茶叶流通协会、海峡两岸茶博会等举办。每年在夏、秋两季举行，由主办单位邀请有关人士参加评审；评比项目繁多，如大红袍、肉桂、水仙、红茶、品种茶等；获奖等级分为状元、金奖、银奖、优质奖。

斗茶，古称茗战，又称点茶或点试，是古代审评茶叶品质优次的一种茶事活动。斗茶最早兴起于唐朝，盛行于宋代贡茶之乡——建州北苑龙焙和武夷山茶区，故当今的茶王赛与宋代斗茶有着一定的历史渊源。

宋代茶人、著名文学家范仲淹在《与章岷从事斗茶歌》一文中，生动地描述了当时武夷茶区斗茶活动的热烈场面："北苑将期献天子，林下雄豪先斗美。"苏轼的一首咏茶诗写道："武夷溪边粟粒芽，前丁后蔡相笼加。争新买宠各出意，今年斗品充官茶。"宋代斗茶是为了北苑贡茶评选"上品龙茶"的原料，能夺取斗品的桂冠是无上的光荣。

元代创立武夷御茶园。武夷石乳茶通过斗茶成为龙凤茶贡品。武夷比屋皆饮，处处品茶。元画家赵孟𫖯的《斗茶图》画作中，参与斗茶者有的足穿草鞋身背雨伞，有的袒胸露臂，这些人都是平民百姓，绝非官宦学士，说明了当时斗茶活动已很普及。

茶村曹墩

星村茶王赛

天心村民间斗茶赛

丛王岩茶争霸赛

清末民初,斗茶逐渐发展为各类名茶的茶王赛。其形式多样,规模大小不一。有民间赛也有官方赛,有产茶区赛,也有县、省、全国乃至国际赛。闽北水仙在1914年巴拿马万国商品博览赛会上获得金质奖。1935年福建省特产赛会,武夷岩茶获一等奖,省长萨镇冰亲笔书"武夷春色"奖匾。1945年新加坡举行茶王赛,福建乌龙茶荣登茶王宝座。

武夷山星村镇是武夷岩茶的主产区,历史上有"茶不到星村不香"之说,茶界泰斗张天福曾为之题词:"中国武夷岩茶第一镇"。为提高制茶技艺,星村镇的茶农们通过斗茶、赛茶、评茶等形式来提升水平。近年来,星村镇举办了"中国茶乡"杯茶王赛,该项活动是海峡两岸茶业博览会的一项主要活动。

三、茶与婚礼

自唐太宗贞观十五年(641年)文成公主进藏带茶为礼算起,"茶礼"至今已有一千多年的历史。唐时,饮茶之风甚盛,茶叶成为婚事不可少的礼品。宋时,茶由原来女子结婚的嫁妆礼品演变为男子向女子求婚的聘礼。至元明时,"茶礼"几乎为婚姻的代名词。女子受聘茶礼称"吃茶"。姑娘受人家茶礼便是

合乎道德的婚姻。清朝仍保存茶礼的习俗。有"好女不吃两家茶"之说。如《红楼梦》书中,王熙凤送给林黛玉茶后,诙谐地说:"你既吃了我家的茶,怎么还不做我家的媳妇。"如今,武夷山很多农村仍把订婚、结婚称为"受茶""吃茶",把订婚的定金称为"茶金",把彩礼称为"茶礼"。武夷山人迎亲或结婚仪式中用到茶的,主要有新郎、新娘的"交怀茶""和合茶",或向父母尊长敬献的"谢恩茶""认亲茶"等。

四、祭祀用茶

在武夷山,善男信女常用"清茶四果"或"三(杯)茶六(杯)酒"祭天谢地,期望能得到神灵的保佑。特别是上了年纪的人,由于他们把茶看作是一种"神物",用茶敬神,便是最大的虔诚。在武夷山古刹禅院中,常备有"寺院茶",并且用最好的茶来供佛。据《蛮瓯志》记载:觉林院的僧侣,"待客以惊雷荚(中等茶),自奉以萱带草(下等茶),供佛以紫茸茶(上等茶)。盖最上以供佛,而最下以自奉也。"寺院茶执照佛教规制,还要每日在佛前、祖前、灵前供奉茶汤。一般有这样三种形式:在茶碗、茶盏中注以茶水;不煮泡只放以

干茶；不放茶，久置茶壶、茶盅作象征。

还有许多与茶有关的丧俗。如有的地方，当一个人去世时，家属亲朋在门口放置一个装有茶水的茶罐，然后到庙里去烧香。归途中，众人一边焚香一边呼唤死者的名字，让他回来喝茶，为的是让其在家中将茶喝够，以免误喝迷魂汤。

五、喊山与开山

武夷山人对茶格外重视，尤其是在春夏之际，都会举办一场隆重的喊山与开山

喊山台遗址

喊山祭茶

的传统仪式，以示祈福。这一仪式已成为武夷山茶农千百年来从不懈怠的祭祀活动。

（一）何为"喊山"

"喊山"原是在武夷山御茶园内举行的一种仪式。在武夷山御茶园通仙井畔建有一座五尺高台，称为"喊山台"。每年惊蛰日，御茶园官吏偕县丞等登临喊山台，祭祀茶神。祭毕，隶卒鸣金击

武夷玉女峰后岩御茶园

喊山

元泰定三年（1326年），崇安县令张瑞本在御茶园的左右侧各建一场，悬挂"茶场"的大匾。元至顺二年（1331年），建宁总管在通仙井之畔建筑一个高五尺的高台，称为"喊山台"，山上还建造喊山寺，供奉茶神。每年惊蛰之日，御茶园官吏偕县丞等一定要亲身登临喊山台，祭奠茶神。祭文曰："惟神，默运化机，地钟和气，物产灵芽，先春特异，石乳流香，龙团佳味，贡于天下，万年无替？资尔神功，用申当祭。"祭毕，隶卒鸣金击鼓，鞭炮声响，红烛高烧，茶农拥集台下，同声高喊："茶发芽！茶发芽！"

鼓，鞭炮声响，红烛高烧，茶农拥集台下，同声高喊："茶发芽！茶发芽！"

（二）何为"开山"

正式开山采摘之日，按照武夷山习俗规定，茶厂工人黎明起床，大家不得言语，洗漱完毕，先由茶厂的工头，在厂中供奉的杨太白神位前（据传杨太白为武夷山茶之祖）焚香礼拜，然后进山开采。

可见，喊山与开山是茶农特有的习俗，是茶农们向神灵祈求保佑武夷岩茶丰收、甘醇的祭祀活动。

六、武夷采茶歌谣

武夷茶歌富有意趣，摘录几则与茶友共赏。

采茶歌

民间三遍采茶歌

头遍采茶茶发芽，手提篮子头戴花；姐采多来妹采少，采多采少早回家。二遍采茶正当春，采得茶来绣手巾；两头绣起茶花朵，中间绣起采茶人。三遍采茶忙又忙，采得茶来要插秧；插得秧来茶又老，采得茶来秧又黄。

采茶歌

（1）采茶要采丰子青，连妹要连青头嫩。
　　　青头女来做人好，有钱无钱感情好。
（2）采茶要采瓜子交，连妹要连老板嫂。
　　　老板嫂来做人好，有钱无钱情谊好。
（3）桐山无志头，半夜三更爬山楼。
　　　睡的冰凉竹篾，一段杉木作枕头。

（4）想起采茶真可怜，半碗腌菜半碗盐。

  茶树兜下挣饭吃，灯盏脚下拿工钱。

武夷十二月采茶歌

正月采茶是新年，邀着衙丁点茶田，点得茶田十二亩，当官少税两分钱。

二月采茶茶叶青，姐在房中绣花巾，中间绣起茶花朵，两边绣起采茶人。

三月采茶茶发芽，姐妹双双去采茶，姐采多来妹采少，不论多少早回家。

四月采茶茶叶黄，自有田中使牛郎，莳得田来茶又大，摘得茶来秧又长。

五月采茶茶叶浓，茶丛树下有蛇虫，赶出蛇虫去远地，好脚好手保安宁。

六月采茶绿洋洋，多插杨柳少插桑，桑子大来无人管，杨柳大来好歇凉。

七月采茶笑嘻嘻，姐妹厝里上高机，织得罗布箱箱满，留得明年做茶衣。

八月采茶秋风凉，吹得茶花满园香，大姐拾来问小妹，秋茶倒嫩夏茶香。

九月采茶是重阳，大大家家乐洋洋，男人喜欢重阳酒，女人喜欢菊花香。

十月采茶是立冬，十担茶篮九担空，茶篮挂在金钩上，留得明年再相逢。

十一月采茶雨淋淋，拿把伞仔讨茶银，九家茶银都讨尽，一家茶银留明年。

十二月采茶雪飘飘，姐妹房间架柴烧，外头郎仔受辛苦，赶去赶来免担忧。

制茶民谣

人说粮如银，我道茶似金。

武夷岩茶兴，全靠制茶经。

一采二倒青，三摇四围水，

五炒六揉金，七烘八捡梗，

九复十筛分，道道工夫精。

专题一　武夷山茶树品种及岩茶品种香气特征

一、武夷山茶树品种选育

武夷山茶树主要分两大类：武夷山当地品种和外地引进品种。

武夷茶树
- 当地品种
  - 武夷菜茶
    - 选育单丛
    - 名丛群体
- 引进品种
  - 茶科所培育新品种
  - 外地引进品种

1. 当地品种

武夷山当地品种即武夷菜茶，是一个优良的有性系群体种，采用播种繁殖，各茶树花粉自然杂交，致使群体内混杂多样，个体之间形态特征各不相同。经过长期的筛选，逐渐选育出一些优良单丛，再从这些单丛中培育，采用无性繁殖技术形成了名丛，如大红袍、白鸡冠、铁罗汉、水金龟、半天妖等。

武夷菜茶 —— 单株选择 系统培育 —— 优良单丛 —— 依据品质、形状、地点等，优中选优 —— 名丛群体 —— 优选 —— 大红袍 / 肉桂 / 四大名丛 / 其他名丛

2. 引进品种

从清末开始，一直到现在，武夷山不断地引进外地茶树品种，使武夷山茶树品种更加丰富多样，茶树品种也从单一栽种武夷菜茶转向多品种栽种。引进品种主要经过以下几个阶段：

①清末至 1949 年：水仙、矮脚乌龙、梅占、佛手等；

② 1949—1980 年：本山、桃仁、奇兰、福云 6 号等；

③ 1980 年后：八仙茶、凤凰单丛等；

1980年后福建茶科所选育新品种：茗科2号（黄观音105）、黄奇、茗科1号（金观音204）、丹桂（304）、台茶12号（金萱）、台茶13号（翠玉）等。

引进品种的特点主要如下：

①无性系品种为主。

②适制乌龙茶的品种为主。

③通过多年、多点生产实践鉴定。

二、武夷山现今栽培品种

为了适应生产的发展和满足人们对茶叶消费需求的多样化，武夷茶区对茶树品种的选择栽培也随之变化，主要体现以下特点：

①主栽品种突出；

②优良品种搭配，体现多样化；

③有性系老品种逐渐被无性系新品种所替换。

根据栽种利用情况，大致可分为以下三种类型：

（一）推广栽培品种	（二）扩大示范品种（1）	（二）扩大示范的引进新品种（2）	（三）保留利用品种
大红袍、水仙、肉桂、白鸡冠、铁罗汉、水金龟、半天妖、黄观音、黄奇、矮脚乌龙	雀舌、玉麒麟、向天梅、金罗汉、老君眉、正太阴、玉井流香、留兰香、北斗、金锁匙、金桂、白瑞香、白牡丹	金牡丹、黄玫瑰、紫牡丹、丹桂、瑞香、金观音（204，茗科1号）、悦茗香、金玫瑰、金萱、翠玉	武夷菜茶（奇种）、黄旦（黄金桂）、梅占、毛蟹、奇兰、凤凰单丛、八仙、毛猴、佛手等

1. 推广栽培品种

这类品种对武夷山茶区的生态环境和茶叶生产制作工艺适应性强，产量高，品质优,在武夷茶区种植的时间较长,面积较大,深受茶农的普遍欢迎。主要包括大红袍、水仙、肉桂、四大名丛（白鸡冠、铁罗汉、水金龟、半天妖）、黄观音、黄奇、矮脚乌龙等。

2. 扩大示范品种

①扩大示范的名丛：指武夷茶区近几年不断开发利用的各类名丛群体。这类名丛适应性强，经无性繁殖后，品质优良特征明显，已经成为发展传统高档优质岩茶的首选品种。主要包括雀舌、玉麒麟、向天梅、金罗汉、老君眉、正太阴、玉井流香、

留兰香、北斗、金锁匙、金桂、白瑞香、白牡丹等。

②扩大示范的引进新品种：指福建省农科院茶叶研究所培育的新品种，如金牡丹、黄玫瑰、紫牡丹、丹桂等，以及外地引进的金萱、翠玉等。

3. 保留利用品种

指在当地曾经种植面积较广，品种适应性和品质表现较好，但现在种植面积少，或者不再扩大种植的品种。主要包括武夷菜茶、黄旦、梅占、毛蟹、奇兰、凤凰单丛、八仙、毛猴、佛手等。

三、武夷岩茶品种香气特征汇总

武夷岩茶以岩骨花香著名。香气指通过干茶、杯盖、茶汤、杯底和叶底等所呈现的令人舒服的气息。包括品种香、地域香（山场香）和火功香（工艺香）等。

这里汇总的是品种香，而品种香的有无、强弱以及持久性长短，与茶树种植的地域和茶树树龄关系密切，通过制作工艺展现出来。

1. 推广栽培品种

推广栽培品种的香气特征

品种	香型	备注
大红袍	香气高雅，清幽馥郁芬芳，微似桂花香	名丛，原产于九龙窠
水仙	复幽长似兰花香，有"醇不过水仙"的说法	当家品种，始于清代，原产于建阳水吉祝仙洞
肉桂	香气浓郁、辛锐似桂皮香，有"香不过肉桂"之说	名丛，当家品种，始于清代，原产于慧苑坑，一说马枕峰
白鸡冠	玉米香突出，汤色橙黄明亮	四大名丛之一，始于明代，原产于慧苑岩火焰峰下外鬼洞
铁罗汉	香气浓郁幽香，有"霸道不过铁罗汉"之说	四大名丛之一，始于宋代，原产于慧苑岩之内鬼洞，一说为竹窠
水金龟	香气高爽，似蜡梅花香	四大名丛之一，始于清代，原产于牛栏坑杜葛峰之半崖上
半天妖	香气馥郁似蜜香	四大名丛之一，始于清代，原产于三花峰第三峰绝对崖上
黄观音（105）	香气清爽芬芳	铁观音（母本）与黄旦（父本）人工杂交
黄奇	香气浓郁细长，有"奇兰香"	1972—1993年，黄旦与白奇兰自然杂交的后代

品种	香型	备注
矮脚乌龙	香气清高幽香，似蜜桃香	百年栽培历史，引进种，原产于建瓯

2. 扩大示范品种

扩大示范品种的香气特征

品种	香型	备注
雀舌	香气馥郁芬芳、幽香，百合花或栀子花香显	原产于九龙窠，20 世纪 80 年代从大红袍第一丛母株后代选育
玉麒麟	玫瑰清香	原产于外九龙窠
向天梅	青梅果型香，馥郁幽香	原产于北斗峰
金罗汉	香气馥郁幽香，似蜜桃香	原产于内鬼洞
老君眉（118）	香气清纯，甘甜爽口	原产于九龙窠，始于清初，天心永乐禅寺一寺僧所选育
正太阴	特有香型，显幽香	原产于外鬼洞上部
玉井流香	香气馥郁芬芳	原产于内鬼洞
留兰香	香气浓郁，似兰花型香	原产于九龙窠
北斗	栀子花	原产于北斗峰，曾名"北斗一号"
金锁匙（003）	花香，香气高强鲜爽	原产于武夷宫山前村（弥陀岩等处亦有）
金桂	香气浓郁，幽香似桂花香	原产于白岩莲花峰，已有近百年历史
白瑞香（306）	香气高强，似棕叶味	原产于慧苑岩，已有 100 多年栽培历史
白牡丹	香气浓郁，幽香似兰花香	原产于马头岩洞口，兰谷岩亦有，已有近百年栽培历史

扩大示范的引进新品种的香气特征

品种	香型	备注
金牡丹（212）	兰花香，香气馥郁芬芳，滋味醇厚甘爽	1978—1999 年，铁观音与黄旦杂交的后代
黄玫瑰（506）	香气馥郁幽扬，具有"透天香"	1986—1999 年，黄观音与黄旦杂交的后代
紫牡丹（111）	花香，甜香	1981—1999 年，铁观音自然杂交的后代

续表

品种	香型	备注
丹桂（304）	香气馥郁高长，滋味醇厚甘爽	大红袍母本、肉桂父本杂交
瑞香（305）	甜花香，滋味醇厚甘爽	黄金桂天然杂交
金观音（204）	香气浓郁，幽香似桂花香	铁观音为母本，黄旦为父本杂交后单株选育而成
悦茗香（101）	花香甜纯，浓郁清长	新品种，赤叶观音有性繁殖
金萱（027）	奶香	台茶 12 号
瓜子金（201）	熟瓜子味	名丛，原产于北斗峰，天游峰亦有
春兰（301）	香气清幽细长，兰花香显，滋味醇厚有甘韵	铁观音天然杂交
紫红袍 / 九龙袍（303）	桂花香	大红袍自然杂交

3. 保留利用品种

保留利用品种的香气特征

品种	香型	备注
武夷菜茶（奇种）		古老的农家老品种，群体混杂多样
黄旦 / 黄金桂	似桂花香	原产于安溪县虎邱镇罗岩美庄
梅占	梅花味或者梅子味	原产于安溪县芦田镇三洋村，已有 100 多年的栽培历史
毛蟹	茉莉花香	原产于安溪县大坪乡福村
奇兰	兰花香、蜜糖香	原产于安溪县西坪镇尧阳
凤凰单丛	奇香袭人	从潮州凤凰水仙群体中选育
八仙	芝兰香带桂香	1965—1986 年，从诏安县秀篆镇寨坪村选育
毛猴	兰花香浓郁	
佛手	似雪梨香	原产于樟堂涧一带（水帘洞—鹰嘴岩—慧苑岩）

专题二　探寻茶汤的奥秘——茶百戏的传承与创新

　　分茶，也叫茶百戏、水丹青，是宋代流行的一种能使茶汤形成图案的独特技艺，是古代斗茶的主要形式。其特点是仅以茶和水为原料就能在茶汤表面显现文字和图案。陆游在《临安春雨初霁》中就提到了分茶，其中写道："矮纸斜行闲作草，晴窗细乳戏分茶。"

乌龙茶汤显现的茶百戏图：花好月圆
章业成作

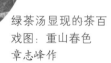

绿茶汤显现的茶百戏图：重山春色
章志峰作

被遗忘的经典文化

　　分茶在唐朝中晚期已现雏形。刘禹锡在《西山兰若试茶歌》中写道："骤雨松声入鼎来，白云满碗花徘徊。"诗句中的"白云""花"就是对茶汤形成景象的生动描绘。流传于唐代闽北一带的"斗茶"习俗，也在一定程度上促进了分茶的产生。

　　到了宋代，分茶由于受到皇帝、朝臣以及文人的推崇，被做到了极致。特别是"艺术家皇帝"宋徽宗，不仅撰《大观茶论》论述点茶、分茶，还亲自烹茶赐宴群臣："上命近侍取茶具，亲手注汤击拂。少顷，白乳浮盏，而如疏星淡月……"皇帝的推崇自然引起效仿、流行，许多文人如陶谷、陆游、李清照、杨万里、苏轼、范仲淹、章岷等也都对分茶十分钟爱，留下了许多描述分茶的诗文。杨万里在《澹庵坐上观显上人分茶》诗中云："银瓶首下仍尻高，注汤作字势嫖姚。"诗中描写一位高手"显上人"分茶时能使茶汤出现种种物象和文字，令人惊叹。

除了皇帝和文人，僧人对分茶的推广也起到重要作用，福全、显上人就是僧人中分茶的高手。陶谷在"生成盏"中记述："沙门福全生于金乡，长于茶海，能注汤茶，成一句诗，并点四瓯，共一绝句，泛乎汤表。小小物类，唾手办耳。檀越日造门求观戏。全自咏曰：'生成盏里水丹青，巧画工夫学不成。欲笑当时陆鸿渐，煎茶赢得好名声'。"福全是佛门弟子，精通分茶，能同时点四瓯，幻成一绝句。颇有点自负，竟嘲笑起茶神陆羽来……

然而，到了元代，由于受游牧民族统治，精致儒雅的分茶茶艺逐渐衰落。之后，明代太祖朱元璋又直接取消了团饼茶的进贡。至此，分茶技艺日渐消亡，清代以后未见有关分茶的翔实文献记载。

茶汤里的传承与创新

在传承古代技法的基础上，经反复实验，现代茶人的加工技术和分茶技法逐步提高，图案显现愈加明显，图案保存的时间延长到2～4小时，欣赏效果更好。

古代分茶的演示只有绿茶，现在发展到有红茶、白茶、黑茶、黄茶、乌龙茶等其他茶类。

分茶技法上进一步丰富，在同一茶汤中使图案显现多次变化形成不同图案。此外，茶百戏可以和插花等其他景物结合，组合形成不同作品，构成立体画面，提高欣赏性，如茶汤显现的螃蟹和菊花与插花构成的作品——秋韵。

乌龙茶汤显现的茶百戏图配景：秋韵

工艺精细的团饼茶加工

"左右捣凝膏，朝昏布烟缕。方圆随样拍，次第依层取。"这是唐代农学家陆龟蒙关于饼茶加工的真实写照。宋代点茶原料采用的是绿茶加工工艺，因此首先沿用古法的绿茶加工工艺，主要有采摘、拣茶（分拣）、蒸芽、榨茶、研茶、造茶（造型）、过黄（烘干）等工序。

在传承古代用绿茶加工团饼茶技艺的基础上，分茶的原料拓展到其他茶类，如红茶、白茶、黑茶、黄茶、乌龙茶的团饼茶。种类不同的团饼茶的制作工序不同。

乌龙茶茶百戏原料加工——研茶

乌龙茶茶百戏原料加工——造茶

烘干的乌龙茶茶百戏原料团饼茶

①茶瓶
②茶臼
③茶磨
④茶盏
⑤盏托

茶道具的配置

"小磴落茶纷雪片，寒泉得火作松声。"古人品茗讲究全过程的体验，对茶具有严格要求。"工欲善其事，必先利其器。"古人历来就重视对茶具的加工。北宋文学家秦观在《茶臼》一诗中，描述了制作茶臼和碎茶的过程："幽人耽茗饮，刳木事捣撞。巧制合臼形，雅音侔柷敔（zhù qiāng）。灵室困亭午，松然明鼎窗。呼奴碎圆月，搔首闻铮钖。"茶百戏的器皿配备和原料制备一样都十分重要。茶具现分为茶粉加工工具、分茶演示工具等。茶粉加工工具主要有茶炉、茶钤（qián）、茶臼、茶碾、茶磨、茶罗等。分茶演示工具主要有茶炉、茶瓶、茶筅（xiǎn）、茶罐（合）、茶盏、盏托、茶巾、茶勺、水盂等。

茶百戏的基础：点茶法

茶百戏采用的方法是点茶法，图案的形成与点茶时茶汤的泡沫有密切的关系。点茶法是宋代饮茶的特点，其特点就是用沸水冲点茶粉并搅拌形成泡沫，有别于唐代的煮茶。点茶是宋人的普遍待客之道。宋袁文《瓮中闲评》卷六记载："古人客来点茶，客罢点汤，此常礼也。"《大观茶论》对点茶也有详细论述。宋代的点茶法除了文字描述外，还多见于绘画作品，如《茗园赌市图》《斗浆图》等。以上图中有点茶工具茶瓶、茶筅、茶盏等点茶专用工具，这是宋代街头茶市的真实写照。

茶百戏的娱乐性：斗茶

斗茶是评比茶叶品质和比试品饮技艺的一种活动。自古以来，分茶就和斗茶有密切联系，斗茶伴随点茶、分茶的产生而逐渐兴盛。

唐代中晚期点茶和分茶已初步形成，而斗茶也随之产生；到了宋代，点茶、分茶十分盛行，斗茶也得到很大推广。唐庚在《斗茶记》中记载宋人的斗茶是相约三五知己，各取好茶，比试技艺和茶品，决出名次，以分高下。高手斗茶除比试茶叶品质优次外，还常比试汤花中显现文字和图案的效果。

茶汤泡沫吸附在盏壁上——咬盏

斗茶比试茶汤色泽

茶百戏和闽北的渊源

福建闽北一带是贡茶的重要基地，这里还出产著名的点茶工具——建盏。南宋周去非《岭外代答》卷六"茶具"记载："夫建宁名茶所出，俗亦雅尚，无不尚分茶者。"说明当时在闽北建宁（今建瓯）一带分茶十分盛行。

宋代闽北一带分茶的推广还得益于大批文人的传播。南宋内丹南宗第五代祖师白玉蟾将武夷山作为他主要的修炼之地，在武夷山设有著名道观"止止庵"。他在《风台遣心三首》中记载："数时长病酒，今日且分茶。"福建路安抚使王之望（1102—1170）喜分茶，他在《满庭芳》中记载："建溪初贡新芽……一碗分云饮露，尘凡尽、斗牛何隙。"描述了在闽北分茶的情景。宋建安人徐集孙在《寄怀里中诸社友》中记载："何时岁老梅花下，石鼎分茶共煮冰。"宋浦城县令曾丰在《中都邂逅新崇德宰范纯之为同馆着语赠别》中记载："乘时长得意，毋忘夜分茶。"

杨万里喜欢分茶，诗文中多有分茶的描述，他在《陈蹇叔郎中出闽漕别送新茶李圣俞郎中出手分似》诗中写道："头纲别样建溪春，小璧苍龙浪得名……鹧斑碗面云萦宇，兔褐瓯心雪作泓。"诗句生动地描写了闽北用建茶、建盏进行茶百戏表演的景象。欧阳修在《次韵再作》中写道："建溪若远虽不到，自少尝见闽人夸……泛之白花如粉乳，乍见紫面生光华。"诗句描写的是分茶时盏面汤花的景象。陆游是分茶能手，诗作中常有分茶的描述，他在建州时亦留下了描写用兔毫盏点茶、分茶的诗："绿地毫瓯雪花乳，不妨也道入闽来。"苏轼的茶诗中也多处写到闽北制茶、点茶和分茶的情景，他在《试院煎茶》中写道："蒙茸出磨细珠落，眩转绕瓯飞雪轻。"

宋代闽北武夷山一带的斗茶活动也促进分茶的开展。蔡襄在《茶录》中记述："建安斗试以水痕先者为负，耐久者为胜。"宋代文人晁补之也有关于闽北斗茶的记载："建安一水去两水，相较是如泾与渭？"苏轼在《和蒋夔寄茶》中云："沙溪北苑强分别，水脚一线争谁先。"道家白玉蟾擅长分茶，也喜斗茶，他在《冥鸿阁即事四首其四》中云："睡云正美俄惊起，且唤诗僧与斗茶。"

元、明代闽北武夷山一带仍有分茶流传

元代后由于点茶法逐渐被泡茶法取代，分茶不再盛行，但闽北武夷山一带仍流传点茶、分茶。元代诗人许有壬在《咏酒兰膏次怨斋韵》中写道："混浊黄中云乳乱，鹧鸪斑底蜡香浮。"描写武夷山点茶、分茶之情景。元代崇安人刘说道在《咏头春贡茶》诗中云："进入蓬莱宫，翠瓯生白云。"明代崇安人邱云霄在《酬蓝茶仙见寄先春》中记载："品落龙团翠，香翻蟹眼花。"

清代闽北武夷山一带仍有点茶法流传

清代朱彝尊在《御茶园歌》中记载:"小团硬饼捣为雪,牛潼马乳倾成膏。"说明武夷山当时仍有制作团茶并进行点茶。清代李卷在《茶洞作武夷茶歌》中记载:"乳花香泛清虚味,旗枪浮绿压醍醐。"诗句描写的是点茶法形成茶汤泡沫似白色的乳花和醍醐之情景。

茶百戏和咖啡拉花

分茶是物理变化。分茶是仅用茶和水为原料,不加入其他物质,靠茶的自然属性,通过冲点搅拌形成深浅变化显现丰富的图案。

分茶与咖啡拉花都可以在液体表面形成图案,但两者有本质上的区别。其一,两者的历史背景不同。分茶起源于中国,有一千多年的历史,是受到皇帝和文人推崇的高雅文化。而关于咖啡拉花的起源,一直没有十分明确的说法,只知道是欧美的文化。其二,两者使用的原料不同。分茶是仅用茶汤不用其他的原料,通过冲点搅拌使茶汤纹脉显现图案;而咖啡拉花要用两种不同性质的原料即咖啡和牛奶,使两者叠加形成各种图案。其三,两者的技法和表现力不同。分茶具独特的变幻效果。分茶的图案是茶汤深浅变幻形成的,保留一段时间后会消失,再次冲点、搅拌又可在同一茶汤中形成不同的图案;而咖啡拉花是两者互不相溶的材料叠加形成的,图案形成后难以消散,不具备变幻的效果。

乌龙茶汤显现的茶百戏图:婷婷玉女峰
吴兰妹作

乌龙茶汤显现的茶百戏图:松鹤延年
章志峰作

红茶汤显现的茶百戏图:连年有鱼
章志峰作

独树一帜的茶文化艺术

分茶是我国珍贵的文化遗产，它再现了我国古代点茶、斗茶文化，使今人能直观地领略宋代点茶文化的盛况，对于研究宋代茶文化具有重要的历史价值。

分茶是一种用液体（茶汤）表现字画的独特艺术形式，适于表现中国传统风格的山水花鸟图案，它使中国字画的表现形式由单一的固体材料发展到液体材料，是艺术表现形式的一种飞跃。

分茶是欣赏和品饮兼备的新型茶产品，具有较高的商业价值。分茶以其独特的表现力给观众赏心悦目的体验，而茶汤以幻变的图案效果给观众以全新的视觉冲击力。

章志峰演示点茶——茶筅沐淋
摄影：吴兰妹

章志峰演示点茶——文烹龙团
摄影：吴兰妹

专题三　武夷岩茶术语

鲜叶：指的是专门供制茶用的茶树新梢，包括新梢的顶芽、顶端往下的第一、二、三、四叶以及着生嫩叶的梗。俗称"茶青"。

晒青：利用光能和热能促进叶片水分蒸发，使鲜叶在短时间内失水，以提高鲜叶细胞基质浓度，促进酶的活性，加速叶内物质的化学变化。

晾青：将晒青适度的鲜叶移进室内进行摊凉，以散发鲜叶热气，减缓多酚类化合物的酶性氧化，防止晒青叶早期红变，促使梗内水分重新分布。

做青：包括摇青、做手和静置。摇青时叶子受振动摩擦，叶缘细胞损伤而逐步红变，由黄转红色，再变为朱砂红色。摇青中后期辅以做手，以补充摇青不足。做手是用双手收拢叶子，捧起轻轻抖拍，动作轻快，先轻后重，但要避免折断青叶而造成死青。

炒青：通过高温制止酶促氧化，并使叶质柔软便于揉捻，同时有助于形成特有的香味物质。

揉捻：将经过杀青的青叶在外力强压下搓揉成条索。

烘焙：烘焙分为毛火和足火。毛火：要求高温快速烘焙，烘到七成干就可下烘。足火：采用低温慢焙，足火温度80℃～85℃，烘至足干。

吃火：是岩茶传统制法必不可少的重要工序，在足干的基础上，连续长时间的文火慢焙。

单丛：在正岩，如天心、慧苑、竹窠、兰谷、水帘洞等岩中选择部分优良茶树单独采制成的岩茶称为"单丛"，品质在奇种之上。

名丛：单丛加工品质特优的又称"名丛"，如大红袍、铁罗汉、白鸡冠、水金龟等。

小开面：指驻芽新梢顶部第一叶片的叶面积约相当于第二叶的1/2。

中开面：为驻芽新梢顶部第一叶面积相当于第二叶的2/3。

大开面：驻芽新梢顶部第一叶面积相当于第二叶的面积。

驻芽：鱼叶展开后才展开第一片真叶，真叶全部展开后，顶芽生长休止，形成驻芽。

鱼叶：茶树新梢靠基部似圆形的小叶片，比真叶小很多，但具有真叶的同样光合作用功能。鱼叶颜色淡绿，一般中小叶种叶长不超过2厘米。

死青：鲜叶由于晒青过度，呈凋枯干瘪状态，叶脉不相通和部分先期红变，这种萎凋叶在做青过程中不会走水还阳。

走水：在做青过程中，叶梢走水叶片呈现紧张与萎软的交替过程，即走水。

还阳：静置前期，水分运输继续进行，梗脉水分向叶肉细胞渗透补充，叶呈挺硬紧张状态，叶面光泽回复，青气显露，俗称"还阳"。

退青：静置后期，水分运输减弱，蒸发大于补充，叶呈萎软状态，叶面光泽消失，青气退，花香显，俗称"退青"。

焙火：是岩茶色香味特有风格形成的重要环节。在焙火上，根据毛茶焙火的程度可分为轻火、中火、重火三类。

返青：指由于茶叶受潮而导致茶品出现青涩味的现象。

岩韵：指在武夷山丹霞地貌特殊的生态环境下，采用优良茶树品种、科学栽培管理方法以及精湛制作加工工艺等形成的具有武夷山本土香味的特征。

壮结：茶条壮实而紧结。

扭曲：叶端折皱重叠的茶条。

砂绿：色似蛙皮绿而有光泽，优质乌龙茶的色泽。

青褐：色泽青褐带灰光，又称宝光。

乌润：乌黑而有光泽。

金黄：茶汤清澈，以黄为主带有橙色。

橙黄：黄中微带红，似橙色或橘黄色。

橙红：橙黄泛红，清澈明亮。

浓郁、馥郁：带有浓郁持久的特殊花果香，称为"浓郁"；比浓郁香气更雅的，称为"馥郁"。

清高：香气清长，但不浓郁。

浓厚：味浓而不涩，浓醇适口，回味清甘。

鲜醇：入口有清鲜醇厚感，过喉甘爽。

醇厚：浓醇可口，回味略甜。

醇和：味清爽带甜，鲜味不足，无粗杂味。

柔软、软亮：叶质柔软称为"柔软"，叶色发亮有光泽称为"软亮"。

绿叶红镶边：做青适度，叶缘朱红明亮，中央浅黄绿色或青色透明。

青张：无红边的青色叶片。

暗张、死张：叶张发红、夹杂暗红叶片的为"暗张"，夹杂死红叶片的称为"死张"。

专题四　地理标志产品：武夷岩茶

中华人民共和国国家标准

GB/T 18745—2006
代替 GB 18745—2002

地理标志产品：武夷岩茶

Product of geographical indication–

Wuyi rock-essence tea

中华人民共和国质量监督检查检疫总局
中国国家标准化管理委员会 发布

前　言

本标准根据国家质量监督检验检疫总局颁布的《地理标志产品保护规定》及 GB 17924—1999《原产地域产品通用要求》而制定。

本标准自实施之日起代替并废止 GB 18745—2002《武夷岩茶》。

本标准与原标准相比主要变化如下：

——根据国家质量监督检验检疫总局颁布的《地理标志产品保护规定》，修改相关名称；

——取消了武夷岩茶原料产区的划分和茶树品种分类；

——增加了大红袍产品的等级划分；

——按照 GB 2762—2005《食品中污染物限量》、GB 2763—2005《食品中农药最大残留限量》和 NY 5244《无公害食品茶叶》修订并细化了卫生指标；

——取消了对质保期的规定；

——标准属性由强制性改为推荐性。

本标准的附录 A 为规范性附录。

本标准由全国原产地域产品标准化工作组提供并归口。

本标准主要起草单位：福建省标准化协会、武夷山市茶叶学会、武夷山市质量技术监督局、中国标准化协会。

本标准主要起草人：高清火、叶华生、姚月明、王顺明、修明、陈树明、梁东、周银茂、叶勇、张雯。

本标准所代替标准的历次版本发布情况为：

——GB 18745—2002。

地理标志产品：武夷岩茶

1 范围

本标准规定了武夷岩茶的地理标志产品保护范围、术语和定义、产品分类与标准样品、要求、试验方法、检验规则及标志、标签、包装、运输、贮存。

本标准适用于国家质量监督检疫总局根据《地理标志产品保护规定》批准保护的武夷岩茶。

2 规范性引用文件

下列条件中的条款通过本标准的引用而成为本标准的条款。凡是注日期的引用文件，其随后所有的修改单（不包括勘误的内容）或修订版均不适用于本标准，然而，鼓励根据本标准达成协议的各方研究是否使用这些文件的最新版本。凡是不注日期的引用文件，其最新版本适用于本标准。

GB/T 191 包装储运图示标志

GB 2762 食品中污染物限量

GB 2763 食品中农药最大残留限量

GB/T 4789.3 食品卫生微生物学检验 大肠菌群测定

GB/T 5009.12 食品中铅的测定

GB/T 5009.19 食品中六六六、滴滴涕残留量的测定

GB/T 5009.20 食品中有机磷农药残留量的测定

GB/T 5009.94 植物性食品中稀土的测定

GB/T 5009.103 植物性食品中甲胺磷和乙酰甲胺磷农药残留量的测定

GB/T 5009.110 植物性食品中氯氰菊酯、氰戊菊酯和溴氰菊酯残留量的测定

GB/T 5009.146 植物性食品中有机氯和拟除虫菊酯类农药多种残留的测定

GB/T 5009.176 茶叶、水果、食用植物油中三氯杀螨醇残留量的测定

GB 7718 预包装食品标签通则

GB/T 8302 茶 取样

GB/T 8304 茶 水分测定

GB/T 8306 茶 总灰分测定

GB/T 8311 茶 粉末和碎茶含量测定

GB 11767 茶树种苗

NY/T 787 茶叶感官审评通用方法

NY 5244 无公害食品 茶叶

SB/T 10035 茶叶销售包装通用技术条件

3 地理标志产品保护范围

武夷岩茶地理标志产品保护范围限于国家质量监督检验检疫总局根据《地理标志产品保护规定》批准的范围。即：福建省武夷山市所辖行政区域范围，见附录A。

4 术语和定义

下列术语和定义适用于本标准。

4.1 武夷岩茶 Wuyi rock-essence tea

武夷岩茶是指在本标准第3章规定的范围内，独特的武夷山自然生态环境条件下选用适宜的茶树品种进行无性繁育和栽培，并用独特的传统加工工艺制作而成，具有岩韵（岩骨花香）品质特征的乌龙茶。

5 产品分类与标准样品

5.1 产品分类

武夷岩茶产品分为大红袍、名丛、肉桂、水仙、奇种。

5.2 标准样品

武夷岩茶各品种等级设实物标准样。

6 要求

6.1 自然环境

6.1.1 地理特征

武夷山西北地势高，且群峰耸立，能阻挡北部寒流的侵袭，气候温暖，具有亚热带气候特征。四条溪流和峰峦、丘陵相互交错，形成独特的微域气候，空气湿润、多雾。

6.1.2 气候特点

年日照时数4425小时左右，年平均日照时数2000小时左右。年平均温度18℃～18.5℃，无霜期长。年降水量在2000毫米左右，年平均相对湿度在80％左右。

6.1.3 土壤

武夷山土壤属亚热带常绿阔叶林山地土壤，大部分茶区的土壤为火山砾石、红砂岩及页岩，土壤表层腐殖质层较厚，有机质含量高，pH4～6。

6.1.4　植被

植被繁茂，常见的植物群落如杉、苦槠、白栋、马尾松、芒箕骨、蕨类。

6.2　茶树种苗繁育

茶树种苗应采用无性繁育。

6.2.1　茶树短穗扦插育苗

6.2.1.1　母树的选择

应选择品种纯正、生长健壮、无病虫害的优良母树。

6.2.1.2　母树的培育

6.2.1.2.1　秋末冬初结合深耕改土，重施有机肥，增施过磷酸钙。

6.2.1.2.2　供夏秋扦插的母树在春茶萌芽前、供冬插或翌年春插的母树在秋茶萌动前轻修剪。

6.2.1.2.3　幼龄茶树和重修剪、台刈更新复壮的茶树，结合树冠培养进行定型修剪。

6.2.1.2.4　定型修剪后施追肥。

6.2.1.2.5　冬季喷施石硫合剂，积极推广使用生物农药。

6.2.1.2.6　铺草覆盖，蓄水防旱。

6.2.1.3　剪穗扦插

选择品种纯正、茎枝红棕色半木质化、粗壮、腋芽饱满、无病虫害的枝梢。

6.2.1.3.2　剪穗

6.2.1.3.2.1　当新梢出现红棕色、半木质化时进行剪穗。

6.2.1.3.2.2　对不同品种分别剪穗，去除杂种穗。

6.2.1.3.2.3　插穗应带有一片叶、一个腋芽。

6.2.1.3.2.4　剪口要平滑，斜面与叶向相同，上端剪口距叶柄处 3 毫米～4 毫米，应随剪随插。

6.2.1.3.3　扦插

6.2.1.3.3.1　春插在 2 月下旬至 3 月上旬，夏插在 6 月初至 7 月上旬，秋插在 9 月至 10 月，以夏梢秋插为宜。

6.2.1.3.3.2　将苗床充分喷湿，待稍干不粘手时，按划好的行距扦插。

6.2.1.3.3.3　扦插行距、株距合适，叶缘叶尖以不重叠为宜。

6.2.1.3.3.4　直插或将叶片稍翘起斜入土，叶面应顺风向，叶柄、芽应露出土面，叶片不能粘土；插后即遮阴，喷水至培养土湿透。

6.2.2　出圃规格

扦插苗木出圃规格按 GB 11767 执行。

6.3 栽培技术

6.3.1 划种植行

6.3.1.1 梯面宽约 1.5 米的梯层茶园种一行，距梯埂外沿 80 厘米～90 厘米平行划种植行。

6.3.1.2 梯面宽 2.7 米以上的梯层按行距 1.2 米～1.5 米划种植行，种植行可与梯层不平行。

6.3.2 挖种植沟与施基肥

6.3.2.1 根据划出的种植行挖深、宽约 40 厘米左右的种植行。

6.3.2.2 重施有机肥，增施磷肥，与土拌匀，施沟底，再覆土。

6.3.3 定植

6.3.3.1 定植时间

在茶苗休眠期定植，以雨天或阴天最好，若发生干旱忌栽。

6.3.3.2 品种配置

早、中、迟芽比例以 1∶3∶2 为宜。

6.3.3.3 种植密度

6.3.3.3.1 小乔木型品种株距 30 厘米～35 厘米，行距 1.3 米～1.5 米，穴种 2 株～3 株。

6.3.3.3.2 灌木型品种株距 30 厘米～35 厘米，行距 1.2 米～1.5 米，穴种 2 株～3 株。

6.3.3.4 种植

6.3.3.4.1 茶苗的根茎部入土深 2 厘米～3 厘米，品字形种植，茶根要自然伸展。

6.3.3.4.2 栽后覆土压实，盖一层松土，保持有 10 厘米浅沟，再浇水，铺草覆盖。

6.3.4 茶树修剪

6.3.4.1 幼龄茶树定型修剪

在春茶芽梢萌动前、夏茶后（长势旺盛的茶树）和秋茶后进行定型修剪；其中定植后，树高 35 厘米、主茎粗 0.5 厘米以上，即进行第一次定型修剪；修剪次数为 3～4 次；剪去主干枝，然后平剪。每次剪后要加强耕锄，肥培管理，防治病虫害，严格留养。

6.3.4.2 茶树轻修剪

成龄茶树每年进行一次轻修剪。轻修剪采用平剪或略带弧形剪，剪去树冠表面的鸡爪枝、细弱枝、病虫枝和突出枝。

6.3.4.3 茶树深修剪

把茶树表层的所有枝条剪去 10 厘米～20 厘米，刺激切口下部骨干枝潜伏芽头新梢，更新树冠。一般安排在立春前或春茶后 15 日内完成。

6.3.4.4 台刈

对良种茶树树势严重衰老，多枯枝、病虫枝、细弱枝、白化枝、披生地衣、苔藓、芽叶稀小细弱、夹叶多、产量严重下降的老茶树应在离地面 5 厘米～10 厘米进行台刈，将枝干粗的锯除，若根基部有更新枝的应留数枝枝梢。

6.3.5 铺草覆盖

夏茶采后，应采用杂草（种子成熟前）、作物稿秆等覆盖。

6.3.6 茶园施肥

6.3.6.1 施肥时期：在 2 月中下旬施催芽肥；在 6 月下旬到 9 月下旬期间施追肥；在 10 月至 11 月上旬，结合冬季深耕施基肥。

6.3.6.2 肥料种类：基肥主要为有机肥与磷、钾肥，追肥主要为氮肥。

6.3.6.3 施肥量与配比：幼龄茶树以氮肥为主、钾磷肥为辅，采叶茶树增加磷钾肥，适当施用氮肥，提倡使用有机肥，茶园一般氮、磷、钾肥按 3∶2∶1 比例配施。

6.3.7 病虫害防治

按照农业防治、生物防治、物理防治和适量适度化学防治相结合的原则，强化采剪、耕作、施肥等农艺技术的综合运用，增强树体抗病虫能力，清除病虫发生源；充分保护和利用天敌，推广应用生物防治技术；做好病虫测报，不得使用国家明令禁止在茶树上使用的农药。严格执行农药安全间隔期。

6.4 采摘

6.4.1 采摘条件

6.4.1.1 顶叶小开面至中开面，以中开面最适宜。

6.4.1.2 2 叶至 4 叶嫩梢及采摘层上的幼嫩对夹叶。

6.4.2 开采期

春茶在谷雨前后开采，夏茶在小满前后开采，秋茶在立秋以后开采。

6.4.3 采摘方法

6.4.3.1 每季萌发的新梢，确定合理的留养高度为采摘面高度，并以此为水准从树冠中间往外采。高于额定采摘面以上的新梢芽叶应全部采摘，低于额定采摘面以下的新梢芽应全部留养。

6.4.3.2 投采茶园一般控制树冠高度为 80 厘米～120 厘米。

6.4.3.3 严格留养采摘面以下的侧枝、低梢及树冠稀疏处的芽梢，待每季采摘后，再轻度摘去留养新梢的顶芽。

6.5 茶青

6.5.1 基本要求

合格的茶青应肥壮、完整、新鲜、均匀，每梢为两个"定型叶"，且应符合下列要求之一：

a）小开面（顶叶面积为第二叶的30％～40％）采四叶；

b）中开面（顶叶面积为第二叶的50％～70％）采三叶；

c）大开面（顶叶面积为第二叶的80％～90％）采两叶；

d）一芽四叶（壮树带芽采四叶）及对夹叶。

6.5.2 茶青质量分级

茶青质量分为一级、二级、三级，分级指标见表1。

表1 茶青质量分级

等级	质 量 要 求
一级	合格的茶青质量占茶青总质量≥90％
二级	合格的茶青质量占茶青总质量≥80％
三级	合格的茶青质量占茶青总质量≥70％

6.5.3 茶青的运输、贮存

6.5.3.1 茶青应用清洁卫生、透气良好的篮篓进行盛装，不得压紧，运输时应避免日晒雨淋，不与有毒有味物品混装。

6.5.3.2 茶青采后4小时内送到茶厂，不能及时送到茶厂的茶青应注意保质保鲜，合理贮存。

6.5.3.3 茶青盛装、运输、贮存中，应轻放、轻翻。

6.6 制作工艺

6.6.1 武夷岩茶初制工序

茶青→晒青或萎凋→做青→杀青→揉捻→烘干（初烘、摊凉、复烘）→毛茶。

6.6.2 武夷岩茶精制工序

毛茶→归堆、定级→筛号茶取料→拣剔、风选→筛号茶拼配→干燥→摊凉→匀堆→自检→定量包装→产品茶。

6.7 感官品质

6.7.1 武夷岩茶产品应洁净，不着色，不得混有异种植物，不含非茶叶物质，无异味，无异臭，无霉变。各类产品还应符合相应的感官品质。

6.7.2 大红袍产品感官品质见表2。

表2　大红袍产品感官品质

项目		级别		
		特级	一级	二级
外形	条索	外形紧结、壮实、稍扭曲	紧结、壮实	紧结、较壮实
	色泽	带宝色或油润	稍带宝色或油润	油润、红点明显
	整碎	匀整	匀整	较匀整
	净度	洁净	洁净	洁净
内质	香气	锐、浓长或幽、清远	浓长或幽、清远	幽长
	滋味	岩韵明显、醇厚、回味甘爽、杯底有余香	岩韵显、醇厚、回甘快、杯底有余香	岩韵明、较醇厚、回甘、杯底有余香
	汤色	清澈、艳丽、呈深橙黄色	较清澈、艳丽、呈深橙黄色	金黄清澈、明亮
	叶底	软亮匀齐，红边或带朱砂色	较软亮匀齐，红边或带朱砂色	较软亮、较匀齐、红边较显

6.7.3　名丛产品感官品质见表3。

表3　名丛产品感官品质

项目		要求
外形	条索	紧结、壮实
	色泽	较带宝色或油润
	整碎	匀整
内质	香气	较锐、浓长或幽、清远
	滋味	岩韵明显、醇厚、回甘快、杯底有余香
	汤色	清澈艳丽、呈深橙黄色
	叶底	叶片软亮匀齐，红边或带朱砂色

6.7.4　肉桂产品感官品质见表 4。

表 4　肉桂产品感官品质

项目		级别		
		特级	一级	二级
外形	条索	肥壮紧结、沉重	较肥壮紧结、沉重	尚结实、卷曲、稍沉重
	色泽	油润，砂绿明，红点明显	油润，砂绿较明，红点较明显	乌润，稍带褐红色或褐绿
	整碎	匀整	较匀整	尚匀整
	净度	洁净	较洁净	尚洁净
内质	香气	浓郁持久，似有乳香或蜜桃香或桂皮香	清高幽长	清香
	滋味	醇厚鲜爽，岩韵明显	醇厚尚鲜，岩韵明	醇和岩韵略显
	汤色	金黄清澈明亮	橙黄清澈	橙黄略深
	叶底	肥厚软亮，匀齐红边明显	较亮匀齐，红边明显	红边欠匀

6.7.5　水仙产品感官品质见表 5。

表 5　水仙产品感官品质

项目		级别			
		特级	一级	二级	三级
外形	条索	壮结	壮结	壮结	尚壮结
	色泽	油润	尚油润	稍带褐色	褐色
	整碎	匀整	匀整	较匀整	尚匀整
	净度	洁净	洁净	较洁净	尚洁净
内质	香气	浓郁鲜锐，特征明显	清香特征显	尚清纯，特征尚显	特征稍显
	滋味	浓爽鲜锐，品种特征显露，岩韵明显	醇厚，品种特征显，岩韵明	较醇厚，品种特征尚显，岩韵尚明	浓厚，具品种特征
	汤色	金黄清澈	金黄	橙黄稍深	深黄泛红
	叶底	肥嫩软亮，红边鲜艳	肥厚软亮，红边明显	软亮，红边尚显	软亮，红边欠匀

6.7.6 奇种产品感官品质见表6。

表6 奇种产品感官品质

项目		级别			
		特级	一级	二级	三级
外形	条索	紧结重实	结实	尚结实	尚壮实
	色泽	翠润	油润	尚油润	尚润
	整碎	匀整	匀整	较匀整	尚匀整
	净度	洁净	洁净	较洁净	尚洁净
内质	香气	清高	清纯	尚浓	平正
	滋味	清醇甘爽、岩韵显	尚醇厚、岩韵明	尚醇正	欠醇
	汤色	金黄清澈	较金黄清澈	金黄稍深	橙黄稍深
	叶底	软亮匀齐，红边鲜艳	软亮较匀齐，红边明显	尚软亮匀整	欠匀稍亮

6.8 理化指标

理化指标应符合表7规定。

表7 理化指标

项目	水分	总灰分	碎茶	粉末
指标 /（％）≤	6.5	6.5	15.0	1.3

6.9 卫生指标

卫生指标应符合表8规定。

表8 卫生指标

项　　目		指　标	引用标准	试验方法
铅 /（mg/kg）	≤	5	GB 2762	GB/T 5009.12
稀土 /（mg/kg）	≤	2	GB 2762	GB/T 5009.94
六六六 /（mg/kg）	≤	0.2	GB 2763	GB/T 5009.19
滴滴涕 /（mg/kg）	≤	0.2	GB 2763	GB/T 5009.19
三氯杀螨醇 /（mg/kg）	≤	0.1	NY 5244	GB/T 5009.176
联苯菊酯 /（mg/kg）	≤	5	NY 5244	GB/T 5009.146

续表

项　　目		指　标	引用标准	试验方法
氯氰菊酯 /（mg/kg）	≤	0.5	NY 5244	GB/T 5009.110
溴氰菊酯 /（mg/kg）	≤	5	NY 5244	GB/T 5009.110
顺式氰戊菊酯 /（mg/kg）	≤	2	GB 2763	GB/T 5009.110
氟氰戊菊酯 /（mg/kg）	≤	20	GB 2763	GB/T 5009.146
氯菊酯 /（mg/kg）	≤	20	GB 2763	GB/T 5009.146
乙酰甲胺磷 /（mg/kg）	≤	0.1	GB 2763	GB/T 5009.103
乐果 /（mg/kg）	≤	0.1	NY 5244	GB/T 5009.20
敌敌畏 /（mg/kg）	≤	0.1	NY 5244	GB/T 5009.20
杀螟硫磷 /（mg/kg）	≤	0.5	GB2763	GB/T 5009.20
喹硫磷 /（mg/kg）	≤	0.2	NY 5244	GB/T 5009.20
大肠菌群 /（mg/kg）	≤	300	NY 5244	GB/T 4789.3

注1：根据《中华人民共和国农药管理条例》，剧毒、高毒和禁用农药不得在茶叶生产中使用。

注2：检验项目可以根据产品质量安全状况和监督抽检工作需要调整。

7　试验方法

7.1　感官品质

按 NY/T 787 规定的方法，并对照武夷岩茶标准样品进行审评。

7.2　理化指标

7.2.1　水分按 GB/T 8304 的规定执行。

7.2.2　灰分按 GB/T 8306 的规定执行。

7.2.3　碎茶、粉末按 GB/T 8311 的规定执行。

7.3　卫生指标

卫生指标按表 8 中规定的试验方法执行。

8　检验规则

8.1　组批

生产和加工拼配过程中形成的独立数量的产品为一批，同批产品的品质规格应相同。

8.2　抽样

按 GB/T 8302 的规定执行。检验在装箱或仓库现场进行，检验数量不少于该批总件数的 2%。

8.3　检验分类

检验分常规检验和型式检验。

8.3.1　常规检验

常规检验项目包括感官品质和理化指标。

8.3.2　型式检验

型式检验为每年一次，型式检验的项目包括感官品质、理化指标和卫生指标。有下列情况之一时应进行型式检验：

a）新产品投产时；

b）原料、工艺、机具等有较大改变，可能影响产品质量时；

c）国家质量监督管理机构提出型式检验要求时。

8.4　判定规则

检验结果中卫生指标有一项不合格则判定该产品为不合格产品。理化指标中有一项不符合要求或感官品质经综合评判不符合规定级别的，可从同批产品中加倍随机抽样进行复检；复检后仍不符合标准要求的，则判该产品为不合格。对检验结果有争议时，应对留存样进行复检，或在同批产品中加倍随机抽样复检。重新抽样应由交接双方会同进行。对有争议项目进行复检，以复检结果为准。

9　标志、标签、包装、运输、贮存

9.1　标志、标签

9.1.1　获准使用地理标志保护产品专用标志资格的生产者，应按当地政府规定的管理办法在其产品上加贴防伪专用标志。

9.1.2　标志、标签应符合 GB 7718 的规定，应标明：生产者名称和地址、产品名称、品种名称、净含量、质量等级、生产日期、保质期、本标准号。

9.1.3　运输包装箱的图示标志应符合 GB/T 191 的规定。

9.2　包装

9.2.1　包装容器应清洁、干燥、无异味、无毒。

9.2.2　接触茶叶的包装材料应符合 SB/T 10035 的规定。

9.3　运输

运输时应轻装轻放，防潮，避免剧烈撞击、重压。

9.4　贮存

贮存仓库应满足通风、干燥、清洁、阴凉、无阳光直射的要求，严禁与有毒、有异味（气）、潮湿、易生虫、易污染的物品混放。

专题五　武夷岩茶冲泡与品鉴方法

福建省地方标准

DB 35/T 1545—2015

武夷岩茶冲泡与品鉴方法

The brewing and tasting method of

Wuyi rock-essence tea

2015－12－28发布　　　　2016－03－28实施

福 建 省 质 量 技 术 监 督 局 发布

前　言

武夷岩茶为中国十大名茶之一。为了让更多的武夷岩茶爱好者和消费者领略武夷岩茶特有的岩韵和丰富多彩的品质特征，特制定本标准。

本标准按照 GB/T 1.1—2009《标准化工作导则第 1 部分：标准的结构和编写》给出的规则而制定。

本标准由福建省质量技术监督局提出。

本标准由福建省农业厅归口。

本标准起草单位：武夷山市茶业同业公会、武夷山市市场监督管理局、武夷星茶业有限公司、武夷山市幔亭茶叶研究所、武夷学院（茶与食品学院）、武夷山市止止茶道文化传播有限公司、福建省武夷山永生茶业有限公司、武夷山香江茶业有限公司、武夷山市岩上茶叶科学研究所、武夷山市茶叶产品质量检验所。

本标准主要起草人：刘国英、刘宝顺、李远华、王莉莉、叶灿、马梅荣、修明、游玉琼、刘安兴、周紫峰、陈明生、叶福开、上官健华。

武夷岩茶冲泡与品鉴方法

1 范围

本标准规定了武夷岩茶冲泡与品鉴的术语和定义、环境要求、冲泡的流程和要求、冲泡的方法、品鉴等内容。

本标准适用于武夷岩茶的冲泡和品鉴。

2 规范性引用文件

下列文件对于本文件的应用是必不可少的。凡是注日期的引用文件，仅注日期的版本适用于本文件。凡是不注日期的引用文件，其最新版本（包括所有的修改单）适用于本文件。

GB 5749 生活饮用水卫生标准

GB 13121 陶瓷食具容器卫生标准

GB/T 14487 茶叶感官审评术语

GB/T 18745 地理标志产品 武夷岩茶

GB 19298 食品安全国家标准 包装饮用水

3 术语和定义

GB/T 14487 和 GB/T 18745 界定的以及下列术语和定义适用于本文件。

3.1 武夷岩茶冲泡器具

武夷岩茶冲泡器具，是指适合冲泡武夷岩茶的专用器具，如烧水炉、烧水壶、茶盘、陶瓷盖碗、紫砂壶、品茗杯等。

3.2 汤色

武夷岩茶冲泡滤出后茶汤所呈现的色泽，如金黄、橙黄、深橙黄等。

3.3 香气

武夷岩茶通过干茶、杯盖、茶汤、杯底和叶底等所呈现的令人舒服的气息，如花果香、品种香、地域香和火功香等。

3.4 滋味

武夷岩茶茶汤在口腔味蕾上所呈现的不同感觉，如厚薄、浓淡和鲜爽度等。

3.5 苦涩

武夷岩茶茶汤滋味表现为持久不化的苦味与麻涩味。

3.6 厚重

武夷岩茶茶汤在口腔味蕾上所呈现的浓稠、饱满、有力度的感觉。

3.7 回甘

武夷岩茶茶汤咽下后口腔所产生的生津、甘甜的感觉。

3.8 岩韵

岩韵是武夷岩茶独特的生长环境、适宜的茶树品种、优良的栽培方法和传统的制作工艺等综合形成的香气和滋味，表现为香气芬芳馥郁、幽雅、持久、有力度，滋味啜之有骨、厚而醇、润滑甘爽，饮后有齿颊留香的感觉，是武夷岩茶独有的品质特征，也称"岩骨花香"。

3.9 品种特征

指同一茶树品种种植在不同地域、按岩茶传统工艺加工制作所具备的共同的品质特征。

3.10 工艺特征

不受茶树品种和地域影响，由制作工艺形成的品质特征。

3.11 地域特征

指武夷岩茶在不同的山场位置、相同的品种用传统工艺制作后形成的不同的品质特征。

3.12 异味

武夷岩茶不应具有的不良气味，如烟味、馊味、渥味等。

3.13 返青

指武夷岩茶成品茶火功退后所产生的，呈现出青气，滋味带有青涩味的现象。

3.14 火功

指武夷岩茶独特的"焙火工艺"所形成的风格特征。因焙火的时间和温度不同，火功的程度大致分为轻火、中火和足火等。

3.15 蛤蟆背

指武夷岩茶在一定的温度下经过一定时间的烘焙所形成的，在叶底显现出叶面表层隆起的现象。

3.16 山场

指武夷岩茶的茶树生长所处的地域环境。

4 环境要求

4.1 光线要求

泡茶室室内光线应柔和、明亮、无阳光直射。

4.2 噪声要求

泡茶室应幽静、无杂音。

4.3 卫生要求

泡茶室应整洁、无异味。

5 冲泡的流程与要求

5.1 冲泡流程

准备冲泡器具—烧水—温杯—投茶—冲水—刮沫（或淋壶）—出汤—分茶—奉茶—品茶—重复多次（冲水—出汤—分茶—品茶）；中间鉴赏干茶外形色泽、干茶香、杯盖香、水中香、杯底香、叶底香、茶汤色泽、茶汤滋味等。

5.2 冲泡要求

5.2.1 冲泡要点：掌握"高冲低斟"、茶水分离、茶汤热饮等。

5.2.2 冲泡环境：应满足清静，无异味，光线柔和、明亮，温湿度适宜的要求。

6 冲泡的方法

6.1 器具准备

主要器具：烧水壶，茶盘，陶瓷盖碗或紫砂壶、茶海、品茗杯等。

辅助器具：茶荷、茶拨、茶漏、茶巾、茶托、茶镊等。

武夷岩茶器具必须符合 GB 13121 的规定。

泡茶容器（盖杯或紫砂壶）的大小以 100 毫升~ 150 毫升为佳。

6.2 冲泡用水

冲泡用水需符合 GB 5749 和 GB 19298 的要求。

6.3 冲泡水温

水温以现开现泡为佳。

6.4 投茶量

投茶量一般为 1:7 ~ 1:22 的茶水比，即投茶量 5 克~ 15 克 /110 毫升。喜淡者以 5 克~ 8 克 /110 毫升为宜，喜浓者以 10 克~ 15 克 /110 毫升为宜。

6.5 浸泡时间

冲泡武夷岩茶时每泡应控制一定的时间后出汤。浸泡时间不含冲水和出汤的时间。浸泡时间应逐次延长。

6.6 浓淡调整

品鉴者可根据自己的喜好调整茶汤的浓淡，方法是调整茶水比或浸泡时间，参考值见表1。

表1 茶汤浓淡度与投茶量、浸泡时间的参考值

浓淡度	冲泡容器大小（毫升）	投茶量（克）	1~3泡的浸泡时间（秒）
较淡	110	5	20，30，45
		8	10，15，20
中等	110	8	20，30，45
		10	10，15，20
较浓	110	10	20，30，45
		12	10，15，20

注1：冲泡容器以110毫升为例。
注2：第四泡后每泡的浸泡时间都比上泡适当延长。
注3：根据个人喜好自行增减。

6.7 冲水、刮沫和出汤

冲水是指用开水冲茶，冲水宜高冲；第一泡冲水后需刮沫，第二泡以后无须刮沫。出汤是指茶水分离，每泡冲水后需控制好浸泡时间，及时出汤，出汤宜低斟。

6.8 分茶

茶汤可直接旋回出汤到若干个品茗杯中，也可出汤到茶海，再分斟到各个品茗杯中。要求每杯茶汤的浓度均匀一致，宜斟至七分满。

6.9 品茶

每杯茶在品饮时可分三口。茶汤每次入口，需和口腔充分接触，体会茶汤滋味后，再品下一口。

7 品鉴

7.1 品鉴程序

赏茶、闻香、观汤色、品味、看叶底。

7.2 品鉴方法

7.2.1 赏茶

冲泡前鉴赏武夷岩茶的外形。

武夷岩茶的外形条索紧结，稍扭曲，色泽青褐油润或灰褐，匀整洁净。

7.2.2 闻香

每泡武夷岩茶都可通过闻干香、盖香、水香和底香来综合品鉴武夷岩茶的香气。闻香时宜深吸气，每闻一次后都要离开茶叶（或杯盖）呼气。

武夷岩茶的香气似天然的花果香，锐则浓长，清则幽远，似兰花香、蜜桃香、桂花香、栀子花香，或带乳香、蜜香、火功香等。香型丰富幽雅，富于变化。

7.2.2.1 干香

指茶叶的干茶香。将茶叶倒入温杯后的盖杯或壶内，盖上后摇动几下，再细闻干茶的香气。

7.2.2.2 盖香

指茶叶冲泡时杯盖上的香气。细闻盖香是鉴赏武夷岩茶香气的纯正、特征、香型、高低、持久等的重要方式。

7.2.2.3 水香

指茶汤中的香气，也称水中香。茶汤入口充分接触后，口腔中的气息从鼻孔呼出，细细感觉和体会武夷岩茶的香气。

7.2.2.4 底香

底香包括杯底香和叶底香。杯底香指品茗杯或茶海饮尽或倒出后余留的香气，也称挂杯香。叶底香指茶叶冲泡多次后底叶的香气。

7.2.3 观汤色

茶汤出水后，鉴赏汤色，汤色以金黄、橙黄至深橙黄或带琥珀色，清澈明亮为佳。

7.2.4 品味

品茶时，宜用啜茶法，让茶汤充分与口腔接触，细细感受茶汤的纯正度、醇厚度、回甘度和持久性，区分武夷岩茶的品种特征、地域特征和工艺特征，领略岩茶特有的"岩韵"。

7.2.4.1 纯正度

武夷岩茶的茶汤滋味应表现出其自有的品质特征，以无异味、杂味为上品。纯正度以第一泡表现最为明显。

7.2.4.2 醇厚度

武夷岩茶的茶汤滋味在口腔中表现出的厚重感、润滑性和饱满度。以浓而不涩，回甘持久，内涵丰富为佳，宜综合多次冲泡的滋味来判断。

7.2.4.3 持久性

武夷岩茶的持久性表现为香气、回甘的持久程度和茶叶的耐泡程度。

7.2.4.4 风格特征

鉴赏武夷岩茶的品种特征、地域特征和工艺特征以及不同的品质风格，风格特征以第 2 ～ 4 泡表现最为明显。

7.2.5 看叶底

冲泡后观看叶底。轻、中火的武夷岩茶叶底肥厚、软亮、红边显或带朱砂红，足火的武夷岩茶叶底较舒展、"蛤蟆背"明显。

专题六　武夷山市茶叶深加工

一、资源情况

武夷山是中国江南著名的茶叶产区，是中国乌龙茶和红茶的发源地。武夷岩茶位列中国十大名茶之一。由于武夷山有得天独厚的奇山秀水养育、滋润，无论土壤、日照、雨水、气候均相得益彰，武夷岩茶品质绝佳。全市所辖14个乡镇、街道、农茶场都产茶，96个行政村有着丰富的茶叶资源，年产茶1.4万吨，为茶叶深加工提供充足的原料。

二、产业情况

武夷山市从事茶叶生产加工、包装销售、物流服务等方面人员近13万人，茶农4.4万户，已注册登记大小型企业、作坊式茶厂5800多家，其中国家、省、市级茶叶龙头企业21家，规模以上企业38家，已有785家茶叶企业获准许可生产武夷岩茶地理标志专用产品。

三、深加工项目

项目选址武夷生态创业园区。

（一）武夷山有机茶品牌加工项目

1. 项目描述

茶叶品牌建设已成为茶叶经济发展的必然。在市场拓展中，武夷岩茶不仅要实现作为饮料的商品价值，而且更要体现名茶特有的观赏价值和文化价值。通过对有机茶的精制加工，培育武夷山特色的地域品牌，将确保武夷岩茶的独特品质，更能树立起武夷岩茶卓尔不群的商品形象并给予应有的市场定位。

主要以武夷山有机茶为原料，通过精制加工创建品牌，开拓国内外市场。

2. 行业现状、布局

随着社会发展及生活水平的提高，人们的保健意识不断增强，对食品要求也越来越高，无污染的有机茶已引起国内外消费者的普遍关注。目前，全球有机茶的销售量为6000吨左右，主要茶类有红茶、绿茶、乌龙茶等，销往西欧、美国和日本等国家。发展有机茶具有巨大的潜在的国内市场与国际市场。发达国家有机茶的年增长率多在30%以上。有机茶价格高，供不应求，今后有机茶将占据 15%~30% 的国际市场。而我国有机茶的销量也逐年递增，由 1950 年的人均 0.1 公斤上升到 2000 年的 0.45 公斤，茶叶年消费总量从 5.1 万吨增加到 40 万吨。发展有机茶品牌加工，将有利于经济发展、保护环境和提高人民健康水平，其市场前景十分广阔。

（二）中药保健茶产品开发项目

1. 项目描述

建立中药材种植基地。拟建设中药保健茶生产线、包装生产线、茶叶加工车间及附属设施，与中医药相结合开发生产高质量的保健茶产品，使其向多功能化发展。

2. 行业现状、布局

21 世纪被称为"绿色世纪"，追求安全、优质、营养、保健食品生产正成为全球食品工业发展的主流。茶叶作为我国最丰富的天然药物和保健食品资源，在公众越来越重视健康的今天和明天，保健茶的研发注定是茶叶深加工领域中的一个热点。而在茶饮料的"百花园"中，当数"中草药型保健茶"一枝独秀，发展迅猛。

目前，我国市场上销售的中药保健茶有银杏茶、灵芝茶、冬凌草速溶茶、冬虫夏草速溶茶、枸杞茶、杜仲茶、桑葚五味茶等十多个品种，这些中药保健茶的功能迎合了人们越来越高的保健消费需求，尤其受到中老年人的喜爱。据有关统计数据显示，我国茶饮料产量在 2002 年已升至饮料业的第二位，达到

180 多万吨，而建立在我国传统中医药学和现代健康理论基础上的具有强身和保健功能的保健茶产品，更是受市场的欢迎，其前景将越来越好。

（三）袋泡茶产品开发项目

1. 项目描述

建立袋泡茶的原料供应基地，实施定点原料采购，以优质的红碎茶、绿碎茶等碎茶作为原料，保证产品的质量。引进先进的袋泡茶生产线及其全套设备，根据不同国家和地区的茶叶消费习惯以及消费者对茶的色、香、味要求，生产适销对路的袋泡茶产品。主要有以下四种：一是纯茶型袋泡茶，如红茶、绿茶、乌龙茶、普洱茶、沱茶、花茶；二是果味型袋泡茶，如柠檬、枣茶；三是香味型袋泡茶，如茉莉花茶、玫瑰花茶；四是保健型袋泡茶，如人参茶、杜仲茶。

2. 行业现状、布局

袋泡茶是一种冲泡快速、清洁卫生、用量标准、便于调味饮用、携带方便、具有保健功效的茶叶深加工产品。目前，世界袋泡茶呈快速增长趋势，并且成为西方发达国家茶叶消费的主要品种。袋泡茶打破了传统饮茶的观念，为消费者提供了更加丰富的茶叶品种，将成为未来茶叶消费的主要方向。

我国袋泡茶产量接近 2 万吨，占全国茶叶市场总量不到 3%。世界各国每年从我国进口大量的茶叶产品，使我国成为世界茶叶出口的第四大国（仅次于印度、斯里兰卡、印度尼西亚）。开发茶叶

新品种，将有助于提高我国茶叶商品在国际市场上的竞争力，尤其是开发欧美发达国家销量较好、具有"定量、卫生、方便、快速"等特点的袋泡茶，不但可以充分挖掘市场潜力，而且可以充分提高茶叶的附加值和产业经济效益。由于每袋装茶量是经过精确计量的，避免用散装茶时用量不准而造成的浪费，起到节约用茶的效果。同时，可以充分利用生产中的碎茶。碎茶经过合理搭配转为袋泡茶后，经济效益可提高2～4倍，市场前景相当广阔。

（四）茶饮料产品开发项目

1. 项目描述

拟引进科学的管理技术和充裕的资金投入，以武夷岩茶为原料，结合武夷山的水资源，开发茶饮料生产线，培育独具武夷山特色的茶饮料品牌。

2. 行业现状、布局

当今世界茶叶消费需求正向着新型、营养和保健等多样化方向发展，功能茶和茶饮料等新型茶产品正成为茶叶消费新的增长点。茶饮料在许多国家和地区已成为茶类产品中的主要消费品种。茶饮料既具有茶叶的独特风味，又兼具营养、保健和医疗等作用。同时，在加工中，茶饮料不添加着色剂、不用香精赋香、不加或少加调味物质，是一种安全多效的、深受消费者欢迎的多功能饮料。

近几年，我国茶饮料的发展非常迅速。健康、绿色、时尚、方便为卖点的包装茶将继碳酸饮料、瓶装水之后引领

第三次饮料浪潮。1997年我国茶饮料产量不足20万吨，2000年总产量已达185万吨，2002年则接近300万吨，2003年达400万吨左右。茶饮料之所以如此受欢迎，就是因为茶饮料符合健康潮流。目前我国内地人均年饮用茶饮料仅为0.3升，预计茶饮料还会有50倍以上的成长空间。随着人们生活节奏的加快，以及生活水平的提高和外出工作、旅游的增多，人们对茶饮料的需求越来越多，开发茶饮料会有良好的前景。

（五）茶多酚开发项目

1. 项目描述

茶多酚是从茶叶中提取的主要化学成分，是目前最具应用前景的天然添加剂。根据福建省农林大学茶学专家的研究，武夷岩茶的茶多酚含量达到了17%~26%，具有保健功能的核心成分EGCG（表没食子儿茶素没食子酸酯）含量达8.18%。目前，EGCG无法人工合成，EGCG在生物界中的唯一来源就是茶叶。

引进先进的生产技术、生产设备以及投入充裕的资金，建立年产90吨茶多酚生产线；充分利用低档茶叶或茶叶加工的下脚料，提取高附加值的精细化品茶多酚；产品广泛应用于医药、农业、日用化工和食品工业等领域。

2. 行业现状、布局

茶多酚的进口国主要有美国、瑞士、英国、德国、丹麦、日本和韩国等。茶多酚主要被用作食品添加剂、保健品

及进一步加工的原料。在我国，茶多酚于1991年由中国农业科学院茶叶研究所首次工业化生产成功，每年产量仅为2吨。其后的十多年间，茶多酚的生产技术得到了快速的发展。同时，许多从事茶多酚的药理和应用研究的专家、学者已证明，茶多酚在抗癌、抗肿瘤等方面有突出功效，从而在全球范围内推动了茶多酚应用的发展。1996年以前，我国生产的茶多酚主要内销，用于医药行业，年需求量约40吨，产值约1000万元。1999年起，茶多酚开始部分外销，当年的销售量为220吨，产值3000万元。2003年的销售量达2000吨，产值已超过3亿元。茶多酚市场进一步扩大的趋势明显，发展前景十分广阔。

（六）茶多糖开发项目

1. 项目描述

根据福建省农林大学茶学专家的研究，武夷岩茶的茶多糖含量达1.8%~2.9%，是红茶的3.1倍、绿茶的1.7倍。

拟引进先进的生产技术、生产设备以及投入充裕的资金，开发茶多糖生产线；充分利用低档茶叶或茶树修剪枝叶等，提取高附加值的精细化学品茶多糖；产品广泛应用于医药、食品行业。

2. 行业现状、布局

茶多糖是继茶多酚之后茶中发现的又一类有生物活性的重要物质。药理研究表明，茶多糖具有降血糖、降血脂、降血压、增强机体免疫力等多种功能，是预防和治疗糖尿病、心血管病，增加

免疫功能的天然药物。此外，因茶多糖具有乳化能力，所以在食品生产中它被用作乳化稳定剂以防止油滴聚集。生产茶多糖的原料是茶树的各种产品，如茶叶、茶树枝条、茶树根、茶生产过程中的各类副产物，它是可再生的绿色资源。研究发现，茶叶越粗老，多糖含量越高。茶多糖可以使低档茶叶得到充分利用，大大提高资源利用率，提高产业经济效益。作为一类新型的保健食品、药品原料和功能性食品添加剂，茶多糖的开发尚处于起步阶段，开发前景广阔。

（七）茶食品系列产品加工项目

1. 项目描述

建设茶食品生产线，开发生产茶冰淇淋、茶冻、茶羊羹、茶软糖、茶饼系列等产品，以满足人们对产品多样化、精细化的需求。项目选址于武夷新区。

2. 行业现状、布局

目前"饮茶""品茶"逐渐衍生出一种新的方式——"吃茶"，也就是茶食品，并已成为一种新的时尚在全球流行起来。食用茶食品有利于人体更多地吸收茶中的维生素、微量元素和纤维素，而且香味浓郁，口感极好。茶食品大大提高了茶叶的营养价值，也提高了茶叶的经济效益。美国、日本等发达国家已逐渐开始流行茶食品；我国茶食品则刚刚起步，但随着人们健康意识的增强，以及消费者对食品新鲜口味和健康因素的追求，茶食品一定会因适应民众的需求而具有巨大的市场。

专题七　武夷岩茶区块链茶产品质量安全全程可追溯

　　有道是，"臻山川精英秀气所钟，品具岩骨花香之胜"。丰富的品种及富于变化的"岩韵"正是武夷岩茶赢得世人称赞的骄人特质。

　　其实，在很大程度上，持续多年的岩茶热，"热"的是正岩茶，更确切地说应该是"三坑两涧"的茶。得天独厚的环境与有限的产量，使得正岩茶的价格十分高昂。

"武夷山认标购茶·区块链溯源平台"启动

　　2019年12月，武夷山市政府和同济大学经济与管理学院智慧城市与电子治理研究所共同打造的"武夷山认标购茶·区块链溯源平台"正式启动。该平台将区块链、物联网、云计算等先进技术，运用到茶叶种植、生产、销售等各个环节，通过一系列技术手段，让数据替茶说话，让消费者购买到正宗、平价、放心的武夷茶。

市场消费乱象倒逼"用标"管理

　　近年来，武夷茶因市场热捧，不断出现地理标志被仿冒和产品以假乱真、以次充好等问题，品牌管理遭遇困难，消费市场出现乱象，影响了武夷茶品牌信誉和产业健康发展。

　　推行"认标购茶"工作，就是为了有效解决这些问题。其主要做法如下：一是实行"两标合一"，即整合地理标志证明商标和地理标志保护产品标识，统一使用新设计的武夷茶地理标志专用标识；二是创新管理模式，采取"茶青卡"＋"商品标"双重管理方式，确保武夷茶原料全都产自武夷山；三

是从严审核发放，对违反武夷茶地理标志标识使用规定的予以严厉处罚；四是加大宣传推广，让消费者能明白、放心地选购武夷茶。

武夷山市领导在"认标购茶·区块链溯源平台"发布会中表示，利用区块链技术对武夷山分散的茶产业数据资源和各类业务进行充分整合，有望实现数字资产安全提升、行业管理效率提升、产业标准提升、消费满意度提升。

"区块链"助力，"认标"消费有保障

平台负责人表示："'认标购茶'系统通过源头和种量进行控制，武夷山在此基础上率先在全国建设基于区块链的茶叶溯源服务平台，构建了一个可信、高效的区块链溯源平台。有着政府监管、行业专家、企业品牌及机器信任的四重背书，行业专家认证与区块链溯源技术认证双重认证，做到了理论与实践相印证、技术与市场相融合、企业与政府相互补。"

武夷岩茶从种植、生产、销售的全流程都可以看作是一次交易，把这些先后发生的交易行为关联起来就能形成一个区块数据的链，再利用区块链相关技术保存之后，就可以达到防伪、可溯和可信的效果。

消费者想要了解这些信息也很简单。同济大学经济与管理学院智慧城市与电子治理研究所高级研究员程辛格对此作了简单科普："所谓'认标购茶·区块链溯源'，就是溯源查询系统采用了NFC芯片存储溯源信息，消费者只需打开手机的NFC功能，贴近NFC标签即可进行产品溯源，操作非常便捷。消费者不仅可通过溯源查询看到产品的生产流程信息，还能够看到专家的认可签名。"

通过全过程的鲜活数据采集和激活，实时将数据账本加密上链，多节点建设统一账本机制，使得茶叶实现全流程追溯，构建一个可信、高效的茶叶区块链溯源平台。数据、技术、平台的三重整合，让武夷茶管理更加科学有效，数据更加安全，助推产业标准化进程。

"认标购茶"落地应用成典范

关注"武夷山认标购茶·区块链溯源平台"的朋友不难发现，该系统一经推出，就深受武夷茶爱好者的欢迎，当地茶企、茶农更是积极响应和支持。该平台运营负责人从以下五个角度对平台运用作进一步的解读：

第一，"认标购茶"系统是被广大茶企、茶农所认可的，结合政府、专家、企业和机器的四重背书，其自我保护意识和产品鉴真意识足够强。

第二，通过此系统能将真实数据呈现给消费者，赢得消费者的信任，提升用户

黏性和产品复购率。

第三，数据透明化对企业打造和提升品牌形象起到很大的促进作用，使品牌存在溢价空间。

第四，国家明确应加快区块链技术的广泛应用，这将成为今后一段时间的发展趋势与潮流。加快茶叶区块链溯源平台的研发，一定程度可形成行业领先优势。

第五，现在国家及各地方政府都积极出台了相关政策，对区块链创新示范应用等给予一定的补贴，以此降低甚至抵消企业的上链成本，使产品在使用优质的区块链溯源技术的同时保证产品利润。

总之，实行"认标购茶"标志着武夷岩茶产业朝更自律、更理性、更健康的方向迈出了关键的一步，这对武夷茶产业可持续发展意义重大。

专题八　岩茶热点问题问答

1. 北苑贡茶与武夷岩茶有无传承关系？

答：北苑贡茶宋代时产于北苑，属于绿茶类；北苑位于建安县城东三十里处，松溪河（俗称东溪）两岸，今南平建瓯市东峰镇境内。武夷山所产之茶，在元代之前名声不如北苑贡茶。武夷茶的真正出名始于元代，为世界所知是在 17 世纪之后。武夷岩茶创制于明末清初，属乌龙茶类。

2. 有关武夷岩茶的最早文字记录是何时？

答：有关武夷岩茶的最早文字记录，是在清初僧人释超全（1627—1711，福建南安人）的《武夷茶歌》中，诗中所记岩茶制法已经相当成熟。更加明确详细的岩茶制法记录，则在晚于释超全几十年的崇安（今武夷山市）县令陆廷灿所写的《续茶经》一书中。

3. 为什么说武夷山是近现代的全国茶叶研究中心？

答：新中国成立前武夷山茶叶大师云集，大师们开展了许多茶叶科学研究工作，取得了很好的成果。1938 年，"茶界泰斗"张天福创办茶业改良场——福建示范茶厂；1942 年，中央财政部贸易委员会茶叶研究所迁至武夷山，"当代茶圣"吴觉农任所长、浙江大学茶学学科创办人蒋云生任副所长，研究所成员有当代茶学专业大学教材《茶叶生物化学》主编王泽农、《茶树栽培学》主编庄晚芳、《制茶学》主编陈椽、台湾茶叶改良场第一任场长吴振铎、中国茶叶研究所学术委员会主任李联标等。林馥泉在此出版了翔实描述武夷茶的著作《武夷茶叶之生产制造及运销》。

4. 大红袍继代说法对吗？最早面市的商品大红袍始于何时？

答：大红袍分为一代、二代、三代、四代等说法不对，武夷山大红袍是用苗木扦插繁殖的，后代遗传不会产生变异，因此不存在纯种大红袍变异之说。大红袍茶苗都是从武夷山市茶叶研究所引种种植的。第一盒商品大红袍小包装于 1985 年由武夷山茶叶研究所推上市场。

5. 武夷岩茶主要品种的典型香气是什么？

答：大红袍是桂花香，水仙是兰花香，肉桂是桂皮香，佛手是雪梨香，铁罗汉是药香，白鸡冠是玉米香，水金龟是蜡梅香，半天妖稍经贮存一段时间后会出现类似于橘皮的香味。

6. 武夷岩茶的茶树品种与名丛有哪些？

答：茶树品种是经过区试与有关品种委员会审定通过的，有国家级品种如水仙、105（黄观音）、204（金观音），省级品种如肉桂、大红袍（奇丹）。名丛是在武夷山独特的环境形成、选育出的各种优良单株，如四大名丛铁罗汉、白鸡冠、水金龟、半天妖。

7. 岩茶科研代号的新品种（名丛）名称是什么？

答：55：月中桂；66：小红袍。

101：悦名香；105：黄观音；111：紫牡丹；118：老君眉；121：银凤凰。

201：瓜子金；203：金玫瑰；204：金观音；212：金牡丹。

301：春兰；303：九龙袍（紫红袍）；304：丹桂；305：瑞香；308：春闺。

506：黄玫瑰。

8. 请介绍一下岩茶实验研究技术的具体内容。

答：岩茶实验技术研究，具体包括茶树栽培、茶树育种、茶树病虫害、茶叶加工、茶叶深加工与综合利用、茶叶审评、茶叶生物化学、茶叶生物技术、茶叶机械、茶文化、茶经济等内容。操作详见大学教材《茶学综合实验》（李远华主编，北京：中国轻工出版社，2018年6月第1版）。

9. 岩茶文化旅游的具体内容有哪些？

答：武夷山九龙窠"大红袍母树"，"三坑两涧"正岩茶道，张艺谋等导演"印象大红袍"，中华茶博园，下梅晋商万里茶路起点，茶洞、御茶园、通仙井，武夷学院茶树品种园，武夷星茶企，香江茗苑，瑞泉茶企，桐木关的正山堂茶企、骏德茶企，"肉桂"原产地马枕峰丛木茶业（思源泉苑）基地，章志峰"茶百戏"表演，寻访武夷岩茶（大红袍）传统制作技艺非遗传承人第一批12人、第二批6人，"喊山祭茶"民俗活动，海峡两岸茶业博览会。

10. 岩茶斗茶赛有哪些？

答：著名的岩茶斗茶赛有：海峡两岸茶博会斗茶赛，武夷山市茶业局斗茶赛，天心村民间斗茶赛，星村镇"中国茶乡杯"斗茶赛。

11. 近代岩茶著名机构和名人有哪些？

答：近代为岩茶发展作出重要贡献的茶厂和研究所是：福建示范茶厂和中央财政

部贸易委员会茶叶研究所；著名茶人有："当代茶圣"吴觉农、陈椽、庄晚芳、王泽农、张天福、蒋芸生、李联标、吴振铎、林馥泉、姚月明。

参考文献

1.武夷山风景名胜区管理委员会.武夷山之旅 [M].福州：海潮摄影艺术出版社，2002.

2.《魅力武夷》编委会.魅力武夷 [M].福州：海峡文艺出版社，2008.

3.余泽岚.畅游武夷 [M].北京：中国画报出版社，2003.

4.刘勤晋.茶文化学 [M].3 版.北京：中国农业出版社，2014.

5.骆耀平.茶树栽培学 [M].4 版.北京：中国农业出版社，2008.

6.罗盛财.武夷岩茶名丛录 [M].北京：科学出版社，2007.

7.肖天喜.武夷茶经 [M].北京：科学出版社，2008.

8.安徽农学院.制茶学 [M].2 版.北京：中国农业出版社，2010.

9.阚斯梅，等.优质茶树栽培技术 [J].农技服务，2009，11：123-124.

10.江和金.武夷岩茶制作工艺 [J].现代农业科技，2012，3：337-340.

11.李远华.武夷岩茶生产新技术 [J].中国茶叶，2011，6：19.

12.王文宗，等.武夷岩茶（大红袍）传统制作工艺技术 [J].中国茶叶加工，2009，2：38-39.

13.黄贤庚.解读非遗武夷岩茶传统手工制作技艺 [J].福建茶叶，2011，6：37-38.

14.陈德华.武夷大红袍二三事 [J].中国茶叶，2005，6：47-48.

15.李令怡.浅谈茶叶拼配 [J].中国茶叶，1988，2：34.

16.张钖山.浅谈茶叶拼配 [J].中国茶叶，1981，5：30-31.

17.丁俊之.茶叶拼配加工与品牌营销的新思路 [J].广东茶业，2010，5：6-8.

18.邵长泉.历代高僧与武夷茶 [J].海峡茶道，2008，3：35-36.

19.赵大炎.漫话武夷茶文化 [Z].武夷山：内部刊物，2000.

20.福建省崇安县委员会文史资料编辑室.崇安县文史资料第 3 辑 [Z].1983.

21.刘国英.武夷岩茶的栽培管理与加工制作 [Z].武夷山：内部刊物，2009.